职业教育教学改革创新规划教材

公差配合与技术测量

吴建丽　主　编

李志江　副主编

科学出版社

北　京

内 容 简 介

本书介绍了尺寸公差、几何公差的识读与检测及表面结构要求等相关知识。其中绪论主要介绍测量技术发展概况、标准与标准化，以及本课程的任务和要求，第一章主要介绍尺寸公差及检测，第二章主要介绍孔轴配合类型及配合制的选择，第三章主要介绍螺纹配合及检测，第四章主要介绍几何公差的认识，第五章主要介绍几何公差的识读，第六章主要介绍几何误差的检测，第七章主要介绍表面结构要求及检测。

针对教学的需要，本书在编写过程中添加了适当的课堂练习，便于师生更好地互动，也能让学生在学习过程中更好地体验学以致用。本书每节后设有思考与练习，练习题均为精选题，紧扣授课知识点，便于学生课后巩固所学知识。

本书既可作为中等职业院校机电一体化专业的基础课程用书，也可供技术工人参考。

图书在版编目（CIP）数据

公差配合与技术测量/吴建丽主编. —北京：科学出版社，2017
（职业教育教学改革创新规划教材）
ISBN 978-7-03-053564-1

I. ①公… II. ①吴… III. ①公差-配合-中等专业学校-教材②技术测量-中等专业学校-教材 IV. ①TG801

中国版本图书馆 CIP 数据核字（2017）第 140377 号

责任编辑：张云鹏 赵文婕 / 责任校对：王万红
责任印制：吕春珉 / 封面设计：东方人华平面设计部

科 学 出 版 社 出版
北京东黄城根北街 16 号
邮政编码：100717
http://www.sciencep.com
三河市铭浩彩色印装有限公司印刷
科学出版社发行　各地新华书店经销
*

2017 年 11 月第 一 版　开本：787×1092　1/16
2017 年 11 月第一次印刷　印张：10 3/4
字数：260 000
定价：30.00 元
（如有印装质量问题，我社负责调换〈骏杰〉）
销售部电话 010-62136230　编辑部电话 010-62198596-1010

前　　言

"公差配合与技术测量"是机械类、仪器仪表类、机电类专业的重要基础课，是联系基础课与专业课的桥梁和纽带。它是一门实践性强、应用广、技术知识含量较高的专业基础课。考虑中等职业教育的特点和要求，编者在编写中遵守"实用、够用、好用"的原则，以达到理论内容"必需、够用"。本书采用了最新的国家标准，内容上尽量做到简明扼要，表达上力求通俗易懂。

本书具有以下特色。

1）完善教材体系，定位科学合理。根据中等职业院校的教学要求，调整了教材体系，使之符合学校教学需求。同时，根据机械类高级工从事的相关岗位实际需要，合理确定学生应具备的能力和知识结构，对教材内容的深度、广度做了适当调整。

2）反映技术发展，涵盖职业标准。教材编写以国家职业标准为依据，针对中等职业院校的培养目标和基本教学要求，在内容选材上力求做到精选够用，适当拓宽。

3）精心设计形式，激发学习兴趣。在教材内容的呈现形式上，利用图片和表格等形式将知识点生动地展示出来，力求让学生更直观地理解和掌握所学内容。在激发学生学习兴趣和自主学习积极性的同时，使教材"易教易学，易懂易用"。

本书参考学时数为 64 学时，学时分配建议如下：

内容	学时
绪论	2
第一章　尺寸公差及检测	16
第二章　孔轴配合类型及配合制的选择	10
第三章　螺纹配合及检测	6
第四章　几何公差的认识	8
第五章　几何公差的识读	12
第六章　几何误差的检测	4
第七章　表面结构要求及检测	6
合计	64

本书由江苏省徐州技师学院吴建丽担任主编，李志江担任副主编，李猛、王钊参加编写。李志江对全书的编写框架进行统筹把关，并参加了第七章的编写工作，王钊参加了本书表格的编写工作，李猛参加了第一章第五节、第六节及第三章、第六章的编写工作，其他章节均由吴建丽编写。本书在编写过程中得到了江苏省徐州技师学院各级领导

和各部门的大力支持，在此一并表示感谢。另外，在编写本书过程中，编者参考了相关教材和资料，在此对各位作者表示感谢。

由于编者水平有限，书中难免有不足之处，恳请读者批评指正。

编　者

目　　录

绪　论

知识目标

1. 了解测量技术发展概况。
2. 了解标准、标准化、公差的标准。
3. 掌握本课程的任务和要求。

能力目标

1. 能根据所学知识叙述测量技术发展概况。
2. 能理解公差标准。
3. 能理解本课程的任务和要求。

一、测量技术发展概况

我国早在商朝时期就有了象牙制成的尺，秦朝统一了度量衡制度，西汉时期制成了铜质卡尺。由于长期的封建统治，我国的测量技术处于落后状态。直到新中国成立后，这种落后的局面才得到改变。

1959 年国务院发布了《关于统一计量制度的命令》，确定采用米制为我国长度计量单位。1977 年国务院发布了《中华人民共和国计量管理条例》，健全了各级计量机构和长度量值传递系统，保证了全国计量单位的统一。1984 年国务院发布了《关于在我国统一实行法定计量单位的命令》，在全国范围内统一实行以国际单位制为基础的法定计量单位。1985 年全国人民代表大会常务委员会发布了《中华人民共和国计量法》，使我国计量单位制度更加统一，保证了我国计量制度量值传递的准确性和可靠性。

同时，随着生产和科学技术的迅速发展，我国的测量技术和测量器具也有了较大的发展。长度计量器具的精度已由 0.01mm 级提高到 0.0001mm 级。测量自动化程度由人工读数测量发展到自动定位、测量，计算机处理数据，自动显示和打印结果。据国际计量大会统计，机械零件的加工精度大约每 10 年提高一个数量级。在测量器具方面，我国生产的万能工具显微镜、干涉显微镜、接触式干涉仪、气动量仪、电动测微仪、圆度仪、万能渐开线检查仪、齿轮单面啮合仪、三坐标测量机等精密仪器正在工业生产中发挥着重要的作用。

二、标准与标准化

标准是对重复性事物和概念所做的统一规定。它以科学、技术和实践经验的综合成果为基础，经有关方面协商一致，由主管机构批准，以特定形式发布，作为共同遵守的准则和依据。

标准化是指在经济、技术、科学及管理等社会实践中，对重复性事物和概念通过制定、发布和实施标准，达到统一，以获得最佳秩序和社会效益。标准化是一个活动过程，它包括制定、贯彻和修订标准，而且循环往复，不断提高。

我国将标准分为 4 个级别，分别为国家标准、行业标准、地方标准和企业标准。在全国范围内统一制定的标准为国家标准（GB），在全国同一行业内制定的标准为行业标准（如机械标准 JB），在省、自治区、直辖市范围内制定的标准为地方标准（DB），在企业内部制定的标准为企业标准（QB）。后 3 个级别的标准不得与国家标准相抵触，遵循程度为国家标准＞行业标准＞地方标准＞企业标准，其重要程度依次递减。

国家标准和行业标准又分为强制性标准和推荐性标准两大类。少量的有关人身安全、健康、卫生及环境保护等的标准属于强制标准，国家用法律、行政和经济等各种手段来维护强制性标准的实施。大量（80%）的标准属于推荐性标准，推荐性国家标准的代号为 GB/T。

在实行互换性生产过程中，必须要求各分散的工厂和车间等生产部门和生产环节之间在技术上保证统一，形成一个协调的整体。而实现这一要求的重要技术手段正是标准化。因此，标准化是实现互换性生产的基础，是组织现代化生产的重要手段。

"公差与配合"是一项应用广泛的重要基础标准，几乎涉及国民经济的各个部门，在机械工业中具有非常重要的作用。目前世界各国广泛采用的公差与配合的标准是国际公差制，它是由国际标准化组织（International Organization for Standardization，ISO）在总结世界各国公差与配合标准的基础上发展并建立起来的一种较完整、科学的新型极限与配合制体系，其基本结构由"极限与配合"和"测量与检验"两大部分构成。

三、本课程的任务和要求

1. 本课程的任务

本课程的任务如下：

1）了解术语、定义，归纳总结并掌握各种术语及定义的区别和联系。

2）熟悉相关国家标准，贯彻过程中应注意其原则性和法规性；应用时应注意其灵活性；同时应多注重了解生产中的实际案例，结合生产实例来理解本课程的内容，掌握保证相关技术要求所采用的测量手段。

3）认真独立地完成作业，加强对所学内容的理解与记忆；对学习过程中遇到的困难，应当坚持不懈、反复记忆、反复练习、不断应用。

4）理解相关理论的同时，还要多阅读生产中的实际案例，加深对本课程学习内容的理解。同时，通过后续专业课程的学习及实际工作锻炼，达到正确运用本课程所学知识的目的，从而熟练并正确地进行零件精度设计。

2. 本课程的要求

学生在完成本课程的学习任务后，应达到下列要求：

1）掌握互换性和标准化的基本概念及有关术语和定义。

2）了解各公差标准的基本内容，掌握其特点和应用原则。

3）初步学会根据机器和零件的功能，选用合适的技术要求。

4）能够查用相关的技术文献和标准，能够正确地在图样上标注技术要求。

5）了解各种典型几何量的测量方法，初步学会使用常用计量工具的方法。

思考与练习

一、判断题

1. 在国家标准中，强制性标准是一定要执行的，而推荐性标准执行与否无所谓。 （　　）

2. 企业标准比国家标准层次低，在标准要求上可稍低于国家标准。 （　　）

二、简答题

1. 什么是标准？什么是标准化？

2. 行业标准、地方标准和企业标准分别如何表示？

第一章

尺寸公差及检测

知识目标

1. 掌握公称尺寸、极限尺寸、实际（组成）要素和最大实体尺寸的概念。
2. 掌握偏差和尺寸公差的概念。
3. 掌握零线和公差带的概念。
4. 掌握标准公差等级和基本偏差的有关概念。

能力目标

1. 能进行公称尺寸、极限尺寸、极限偏差、尺寸公差之间的换算。
2. 能根据所学知识正确绘制公差带图。
3. 能看懂图样上尺寸公差标注的含义。
4. 能正确使用游标卡尺和千分尺进行零件有关尺寸的测量。

实际零件的尺寸总是具有一定的偏差，为保证零件的使用就必须对尺寸的变动范围加以限制，这样才能保证相互配合的零件满足功能要求。本章简要介绍与尺寸有关的基本知识及尺寸的检测。

第一节　认识尺寸

一、尺寸的概念

1. 尺寸

尺寸由数值和单位两部分组成，是以特定单位表示线性尺寸的数值。线性尺寸包括直径、半径、宽度、深度、高度和中心距等。图 1-1 中的 $10_{-0.02}^{+0.01}$ mm、30 ± 0.02mm、$\phi25_{0}^{+0.025}$ mm、$\phi40_{-0.010}^{+0.052}$ mm、$\phi45_{+0.025}^{+0.087}$ mm 均为尺寸。

机械制图国家标准中规定，在机械图样上的尺寸以 mm（毫米）为单位时，可省略单位的标注，仅标注数值。采用其他单位时，则必须在数值后注写单位。

2. 尺寸要素

由一定大小的线性尺寸或角度尺寸确定的几何形状的要素即尺寸要素，几何形状可以是圆形、圆柱面形、圆锥面形、楔形、两平行平面等。

课堂练习

1. 身高 1.75m、腰围 2.7 尺、45°、3 斤大米，这些都属于尺寸吗？
2. 你还能说出哪些尺寸？

想一想

按图 1-2 所标注的尺寸能加工出合格的零件吗？

同一个工人在同一台设备上也无法生产出完全一样的两个零件。零件在加工过程中，由于机床精度、计量器具精度、操作工人技术水平及生产环境等诸多因素的影响，其尺寸和形状都不可能做到绝对精确，总是存在误差。

零件的加工误差主要包含尺寸误差、几何误差和表面微观形状误差等。零件加工后所得的尺寸和设计的尺寸不一致，这个差值就是尺寸误差。例如，轴套的长度设计值为

30mm，加工后测得的值为 30.15mm，则+0.15mm 即该尺寸的误差。实践证明，虽然零件的误差可能影响到零件的使用性能，但只要将这些误差控制在一定的范围内，仍能满足使用功能要求。

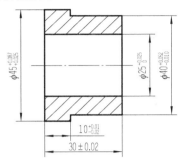

图 1-1 轴套尺寸公差

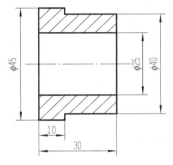

图 1-2 轴套全剖视图

二、尺寸的类型

1. 公称尺寸

公称尺寸是设计者根据零件的使用要求，考虑零件的强度、刚度、工艺及结构等方面的因素，通过计算、实验或按类比法确定的尺寸。图 1-1 中的 10mm、30mm、ϕ25mm、ϕ40mm、ϕ45mm 均为公称尺寸。

国家标准规定：大写字母表示孔的有关代号，小写字母表示轴的有关代号。孔的公称尺寸用 D 表示，轴的公称尺寸用 d 表示。

特别提示

孔：通常指零件的圆柱形内尺寸要素，也包括非圆柱形的内尺寸要素（由两个平行平面或切面形成的包容面），如图 1-3 所示的方孔和槽。

轴：通常指零件的圆柱形外尺寸要素，也包括非圆柱形的外尺寸要素（由两个平行平面或切面形成的被包容面），如图 1-4 所示的方塞。

图 1-3 方孔和槽

图 1-4 方塞

在切削加工过程中尺寸由大变小的为轴，尺寸由小变大的为孔；零件装配后形成包容与被包容的关系，凡包容面统称为孔，被包容面统称为轴。

2. 极限尺寸

允许尺寸变化的两个界限值称为极限尺寸。其中，允许的最大尺寸称为上极限尺寸，允许的最小尺寸称为下极限尺寸。孔的上、下极限尺寸分别以 D_{max} 和 D_{min} 表示，轴的上、下极限尺寸分别以 d_{max} 和 d_{min} 表示。

例如，通过 $30 \pm 0.02mm$ 所反映出来的 29.98mm 和 30.02mm 这两个尺寸即极限尺寸。

极限尺寸是以公称尺寸为基数来确定的，它可以大于、小于或等于公称尺寸。公称尺寸可以在极限尺寸确定的范围内，也可以在极限尺寸确定的范围外。

3. 实际（组成）要素

通过测量获得的尺寸称为实际（组成）要素。孔和轴的实际要素分别用 D_a 和 d_a 表示。由于测量过程中不可避免地存在测量误差，因此所得的尺寸并非尺寸的真值。由于加工误差的存在，同一零件同一几何要素不同部位的实际要素也各不相同，如图1-5所示。

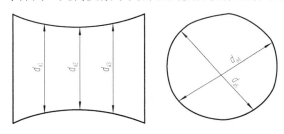

图1-5　实际（组成）要素

在机械加工中，由于机床、刀具、量具等各种因素而形成的加工误差的存在，要把同一规格的零件加工成同一尺寸是不可能的。从使用的角度来讲，也没有必要将同一规格的零件都加工成同一尺寸，只需将零件的实际尺寸控制在一个范围内，就能满足使用要求。这个范围由上述两个极限尺寸确定，即尺寸合格的条件为 $D_{min} \leqslant D_a \leqslant D_{max}$ 、 $d_{min} \leqslant d_a \leqslant d_{max}$ 。

特别提示

零件尺寸合格与否取决于实际（组成）要素是否在极限尺寸所确定的范围之内，而与公称尺寸无直接关系。

4. 最大实体尺寸和最小实体尺寸

最大实体尺寸（maximum material size，MMS）指孔或轴在尺寸公差范围内，允许材料用量最多时的尺寸；反之，孔或轴允许用量最少时的极限尺寸为最小实体尺寸（least material size，LMS）。孔的最大实体尺寸和最小实体尺寸分别用 D_M 和 D_L 表示，轴的最大实体尺寸和最小实体尺寸分别用 d_M 和 d_L 表示。其中，孔的 $D_M = D_{max}$，$D_L = D_{min}$；轴的 $d_M = d_{max}$，$d_L = d_{min}$。

课堂练习

1. 计算 $10^{+0.01}_{-0.02}$ mm 的极限尺寸。

2. 对于尺寸 30 ± 0.02 mm，如果加工后测量的实际（组成）要素为 30mm，则零件合格吗？30.01mm 呢？30.03mm 呢？

3. 孔和轴一定是圆的吗？内表面一定是孔，外表面一定是轴吗？

阅读材料

互　换　性

一、互换性的概念

在日常生活中，通过简单地更换零件或部件的方式对笔芯、手机电池、台灯、自行车灯等生活用品进行维修，不但可以方便人们的生活，而且也提高了产品的使用寿命，这种现象即源自互换性。互换性是现代生产的一个重要技术原则，它普遍应用于机电设备的生产中。

在机械工业中，互换性是指制成的同一规格的一批零件或部件中，任取其一，不需做任何挑选、调整或辅助加工（如钳工修配），就能进行装配，并能满足机械产品的使用性能要求的一种特性。

互换性原则广泛用于机械制造中的产品设计、零件加工、产品装配、机器的使用和维修等各个方面。

二、互换性的分类

零件按照互换范围的不同，可分为完全互换（绝对互换）零件和不完全互换（有限互换）零件。完全互换零件在机械制造中应用广泛。但是，在单件生产的机器中，往往采用不完全互换零件。因为在这种情况下，完全互换零件将导致加工困难（甚至无法加工）或制造成本过高。为此，生产中往往把零件的精度适当降低，以便于制造；然后根据实测尺寸的大小，将制成的零件分成若干组，使每组内尺寸差别较小；最后把相应组的零件进行装配。这样既解决了零件加工困难的问题，又保证了装配的精度要求。

三、互换性在生产制造中的作用

1. 产品设计

由于标准零件采用互换性原则设计和生产，因此可以简化绘图、计算等工作，缩短设计周期，加速产品的更新换代，且便于计算机辅助设计。

2. 生产制造

按照互换性原则组织加工，实现专业化协调生产，便于计算机辅助制造，可提高产品质量和生产效率，同时降低生产成本。

3. 装配过程

零件具有互换性，可以分散加工，集中装配，提高装配质量，缩短装配时间，提高装配效率。

4. 使用过程

由于零件具有互换性，因此在它磨损到极限或损坏后，可以很方便地用备件来替换，缩短维修时间，节约费用，提高修理质量，延长产品的使用寿命，从而提高机器的使用价值。

综上所述，在机械制造业中遵循互换性原则，不仅能保证又多又快地进行生产，而且能保证产品质量和降低生产成本。

零件的互换性既包括其几何参数（如尺寸、形状等）的互换，也包括其力学性能（如硬度、强度等）的互换。本课程仅论述几何参数的互换。

思考与练习

一、判断题

1. 不经挑选、调整和修配就能互相替换、装配的零件，就是具有互换性的零件。
   （　　）
2. 零件在加工过程中的误差是不可避免的。 （　　）
3. 具有互换性的零件应该是形状和尺寸完全相同的零件。 （　　）
4. 某一零件的实际（组成）要素正好等于其公称尺寸，则该尺寸必然合格。 （　　）
5. 公称尺寸必须不大于上极限尺寸且不小于下极限尺寸。 （　　）

6. 上极限尺寸一定大于下极限尺寸。 （　　）

二、简答题

1. 已知尺寸 $\phi25^{+0.025}_{0}$ mm，根据已知条件完成以下题目：

（1）简述尺寸的组成。

（2）写出已知尺寸的公称尺寸、极限尺寸和实体尺寸。

（3）加工后测量得到的尺寸为 $\phi25$ mm，$\phi25$ mm 称为什么尺寸？加工合格吗？

2. 如何区分孔和轴？

3. 公称尺寸是如何确定的？

4. 什么是互换性？

5. 互换性对生产制造有什么作用？

第二节　计算加工尺寸

一、偏差、尺寸公差的术语及其定义

1. 偏差

某一尺寸，如实际（组成）要素、极限尺寸等减去其公称尺寸所得的代数差称为偏差。

（1）极限偏差

极限尺寸减去其公称尺寸所得的代数差称为极限偏差。极限偏差分为上极限偏差和下极限偏差。如图 1-6 所示中，公称尺寸 $\phi45$ mm 的上极限偏差为+0.087mm，下极限偏差为+0.025mm。

国家标准规定：在图样和技术文件上标注极限偏差数值时，上极限偏差标在公称尺寸的右上角，下极限偏差标在公称尺寸的右下角。特别要注意的是，当偏差为零时，必须在相应的位置上标注"0"，如图 1-1 所示中的 $\phi25^{+0.025}_{0}$。

图 1-6　偏差的标注形式

上极限偏差是上极限尺寸减去其公称尺寸所得的代数差，孔的上极限偏差用 ES 表示，轴的上极限偏差用 es 表示，用公式表示为

$$ES = D_{max} - D, \quad es = d_{max} - d \qquad (1\text{-}1)$$

下极限偏差是下极限尺寸减去其公称尺寸所得的代数差，孔的下极限偏差用 EI 表示，轴的下极限偏差用 ei 表示，用公式表示为

$$EI = D_{min} - D, \quad ei = d_{min} - d \tag{1-2}$$

（2）实际偏差

实际（组成）要素减去其公称尺寸所得的代数差称为实际偏差。合格零件的实际偏差应在规定的上、下极限偏差之间。

例 1-1　对于尺寸 30 ± 0.02mm，如果加工后测得的实际要素为 30.01mm，则该尺寸的实际偏差为多少？

解：

$$实际偏差=30.01-30=+0.01（mm）$$

特别提示

判断尺寸合格的方法有以下两种：

1）零件的实际（组成）要素应在规定的上、下极限尺寸之间。

2）零件的实际偏差应在规定的上、下极限偏差之间。

2．尺寸公差

尺寸公差（简称公差）（T）是尺寸的允许变动量，其数值为上极限尺寸减去下极限尺寸之差，或者上极限偏差减去下极限偏差之差。孔、轴的公差分别用 T_h、T_s 表示。尺寸公差是一个没有正负号的绝对值，用公式表示为

$$T_h = \left| D_{max} - D_{min} \right| = \left| ES - EI \right|, \quad T_s = \left| d_{max} - d_{min} \right| = \left| es - ei \right| \tag{1-3}$$

极限尺寸、尺寸公差与偏差的关系如图 1-7 所示。

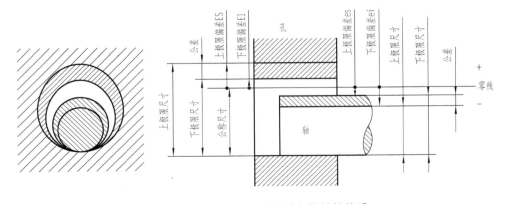

图 1-7　极限尺寸、尺寸公差与偏差的关系

课堂练习

求图 1-1 中 $10^{+0.01}_{-0.02}$ mm 和 $\phi 25^{+0.025}_{0}$ mm 的尺寸公差。

二、极限尺寸的计算

例 1-2　如图 1-1 所示，计算 $\phi 40^{+0.052}_{-0.010}$ mm 的极限尺寸，若该轴加工后测得的实际（组成）要素为 $\phi 40.025$ mm，试判断该零件尺寸是否合格。

解：由图 1-1 可知，$\phi 40^{+0.052}_{-0.010}$ mm 为轴的尺寸，由式（1-1）和式（1-2）得

轴的上极限尺寸：

$$d_{max} = d + es = 40 + (+0.052) = 40.052 （mm）$$

轴的下极限尺寸：

$$d_{min} = d + ei = 40 + (-0.010) = 39.990 （mm）$$

判断零件的尺寸是否合格有两种方法。

方法一：由于 $\phi 39.990$ mm ＜ $\phi 40.025$ mm ＜ $\phi 40.052$ mm，即零件的实际（组成）要素介于上、下极限尺寸之间，因此该零件尺寸合格。

方法二：轴的实际偏差 $= d_a - d = 40.025 - 40 = +0.025$ （mm），由于 -0.010 mm ＜ $+0.025$ mm ＜ $+0.052$ mm，即零件的实际偏差介于上、下极限偏差之间，因此该零件合格。

阅读材料

一、极限偏差尺寸标注

格式：公称尺寸$^{上极限偏差}_{下极限偏差}$。

极限偏差尺寸标注的原则如下。

1）上极限偏差＞下极限偏差。

2）上、下极限偏差应以小数点对齐。

3）若上、下极限偏差不等于 0，则应注意标出正负号。

4）若偏差为零，则必须在相应的位置上标注"0"，不能省略。

5）当上、下极限偏差数值相等而符号相反时，应简化标注，如图 1-1 中的尺寸 30mm ± 0.02mm。

二、尺寸公差与极限偏差的比较

1. 区别

1）从数值上看，极限偏差是代数值，正、负或零是有意义的；而尺寸公差是允

许尺寸变动的范围，只能是正值，不能为零和负值（零值意味着加工误差不存在，是不可能的）。

2）从作用上看，极限偏差用于控制实际偏差，是判断完工零件是否合格的依据；而尺寸公差则控制一批零件实际尺寸的差异程度。

3）从工艺上看，对某一具体零件，尺寸公差反映加工的难易程度，即加工精度的高低，它是制定加工工艺的主要依据；而极限偏差则是调整机床，决定切削工具与零件相对位置的依据。

2．联系

尺寸公差是上、下极限偏差代数差的绝对值，因此确定了两极限偏差也就确定了尺寸公差。

思考与练习

一、填空题

1．允许尺寸变化的两个界限值分别是_____和_____，它们是以_____为基数来确定的。

2．零件的尺寸合格时，其实际（组成）要素应在_____和_____之间。

3．尺寸偏差可分为_____和_____两种，而_____又有_____偏差和_____偏差之分。

4．尺寸公差是尺寸的允许_____，因此尺寸公差值前不能有_____。

5．孔的上极限偏差用_____表示，孔的下极限偏差用_____表示；轴的上极限偏差用_____表示，轴的下极限偏差用_____表示。

二、判断题

1．公称尺寸必须不大于上极限尺寸且不小于下极限尺寸。 （   ）

2．某尺寸的上极限尺寸一定大于下极限尺寸。 （   ）

3．由于上极限尺寸一定大于下极限尺寸，且偏差可正可负，因此一般情况下，上极限偏差为正值，下极限偏差为负值。 （   ）

4．合格尺寸的实际偏差一定在两极限偏差（上极限偏差与下极限偏差）之间。 （   ）

5．尺寸公差通常为正值，在个别情况下也可以为负值或零。 （   ）

6．尺寸公差是尺寸的允许变动量，它没有正、负的含义，且不能为零。 （   ）

三、简答题

下列尺寸标注是否正确？如有错误请改正。

1. $\phi20^{+0.015}_{+0.021}$ 　　2. $\phi30^{+0.033}_{0}$ 　　3. $\phi35^{-0.025}_{0}$

4. $\phi50^{-0.041}_{-0.025}$ 　　5. $\phi70^{+0.046}$ 　　6. $\phi45^{+0.042}_{+0.017}$

7. $\phi25^{-0.052}$ 　　8. $\phi25^{-0.008}_{+0.013}$ 　　9. $\phi50^{+0.009}_{+0.048}$

第三节　绘制尺寸公差带图

一、零线

在公差带图中，表示公称尺寸的一条直线称为零线。

以零线为基准确定偏差。习惯上，零件沿水平方向绘制，在其左端标上"0"和"+""－"，在其左下方绘制单向箭头的尺寸线，并标上公称尺寸。正偏差位于零线上方，负偏差位于零线下方，零偏差与零线重合。

二、公差带

在公差带图中，由代表上极限偏差和下极限偏差或者上极限尺寸和下极限尺寸的两条直线所限定的区域称为公差带。如图 1-8 中的两个带剖面线的矩形部分。

确定公差带的要素有以下两个：

1）公差带大小，指公差带沿垂直于零线方向的宽度，由尺寸公差的大小决定。

2）公差带位置，指公差带相对于零线的位置，由靠近零线的极限偏差确定。

公差带沿零线方向的长度可以适当选取。为了区别，一般在同一图中，孔和轴的公差带剖面线的方向应相反，如图 1-8 所示。

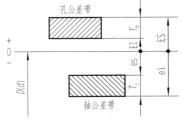

图 1-8　公差带图

特别提示

通常公称尺寸以 mm 为单位，而偏差和尺寸公差的单位为 μm。

三、公差带图的绘制

公差带图的绘制步骤如下：

1）绘制零线（水平方向）。

2）在零线的左侧标"0""+""−"。

3）在零线左下方绘制带单箭头的尺寸线，标注公称尺寸。

4）根据极限偏差的大小选择合适的比例（在垂直零线的宽度方向，一般可用200：1或500：1的比例绘图，偏差较小时可选取1000：1），作上、下极限偏差。

5）用粗实线绘制表示公差带的矩形线框，在线框内绘制剖面线。

例 1-3 （1）绘制孔$\phi25^{+0.025}_{0}$mm 的公差带图。

（2）绘制轴$\phi40^{+0.052}_{-0.010}$mm 的公差带图。

解：（1）根据公差带图的绘制步骤绘图，如图 1-9 所示。

（2）根据公差带图的绘制步骤绘图，如图 1-10 所示。

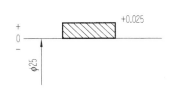 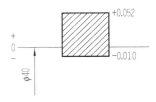

图 1-9　孔$\phi25^{+0.025}_{0}$mm 的公差带图　　　图 1-10　轴$\phi40^{+0.052}_{-0.010}$mm 的公差带图

特别提示

当零线穿过公差带时，应擦去框格中的零线，如图 1-10 所示。

思考与练习

一、填空题

1．在公差带图中，表示公称尺寸的一条直线称为_____，在此直线以上的偏差为_____，在此直线以下的偏差为_____。

2．尺寸公差带的两个要素分别是_____和_____。

二、实操题

计算下列孔和轴的尺寸公差，并分别绘制出公差带图。

1．孔$\phi50^{+0.039}_{0}$mm；

2．轴$\phi65^{-0.060}_{-0.134}$mm；

3．孔$\phi120^{+0.034}_{-0.020}$mm；

4．轴$\phi80\pm0.023$mm。

标注尺寸公差及代号

一、标准公差

标准公差是国家标准中所列的，用以表示公差大小的一系列公差数值。标准公差的数值与两个因素有关，即标准公差等级和公称尺寸。

1. 标准公差等级

公差等级是指确定尺寸精确程度的等级。规定和划分公差等级的目的，是简化和统一对尺寸公差的要求，使规定的等级既能满足不同的使用要求，又能大致代表各种加工方法的精度，从而既有利于设计，又有利于制造。《产品几何技术规范（GPS） 极限与配合 第 1 部分：公差、偏差和配合的基础》（GB/T 1800.1—2009）规定，标准公差等级代号用符号 IT 和公差等级数字表示，如 IT7。

GB/T 1800.1—2009 将标准公差的精度等级分为 20 个，用符号 IT 和阿拉伯数字组成的代号表示，分别为 IT01、IT0、IT1、IT2、…、IT18。其中，IT01 精度最高，其余依次降低，IT18 精度最低，其关系如图 1-11 所示。

图 1-11 标准公差的精度等级

公差等级越高，零件的精度越高，使用性能也越高，但加工难度大，生产成本高；公差等级越低，零件的精度越低，使用性能降低，但加工难度减小，生产成本降低。因此，要同时考虑零件的使用要求和加工经济性能这两个因素，合理确定公差等级。公差等级是划分尺寸精度的标志。

2. 公称尺寸

在相同的加工精度条件下，加工误差随着公称尺寸的增大而增大。因此，从理论上讲，同一公差等级的标准公差值也随着公称尺寸的增大而增大。

公差配合与技术测量

在实际生产中使用的公称尺寸是很多的，如果每一个公称尺寸都对应一个公差值，就会形成一个庞大的公差数值表，不利于实现标准化，给实际生产带来困难。因此，国家标准对公称尺寸进行了分段。公称尺寸分段后，同一尺寸段内的所有公称尺寸在相同的公差等级下，具有相同的公差值。

表 1-1 列出了公称尺寸至 3150mm 的标准公差等级 IT1～IT18 及其公差数值。

表 1-1 公称尺寸至 3150mm 的标准公差等级 IT1～IT18 及其公差数值

| 公称尺寸/mm | | 标准公差等级 | | | | | | | | | | | | | | | | | |
| 大于 | 至 | μm | | | | | | | | | | | mm | | | | | | |
		IT1	IT2	IT3	IT4	IT5	IT6	IT7	IT8	IT9	IT10	IT11	IT12	IT13	IT14	IT15	IT16	IT17	IT18
—	3	0.8	1.2	2	3	4	6	10	14	25	40	60	0.1	0.14	0.25	0.4	0.6	1	1.4
3	6	1	1.5	2.5	4	5	8	12	18	30	48	75	0.12	0.18	0.3	0.48	0.75	1.2	1.8
6	10	1	1.5	2.5	4	6	9	15	22	36	58	90	0.15	0.22	0.36	0.58	0.9	1.5	2.2
10	18	1.2	2	3	5	8	11	18	27	43	70	110	0.18	0.27	0.43	0.7	1.1	1.8	2.7
18	30	1.5	2.5	4	6	9	13	21	33	52	84	130	1.21	0.33	0.52	0.84	1.3	2.1	3.3
30	50	1.5	2.5	4	7	11	16	25	39	62	100	160	0.25	0.39	0.62	1	1.6	2.5	3.9
50	80	2	3	5	8	13	19	30	46	74	120	190	0.3	0.46	0.74	1.2	1.9	3	4.6
80	120	2.5	4	6	10	15	22	35	54	84	140	220	0.35	0.54	0.84	1.4	2.2	3.5	5.4
120	180	3.5	5	8	12	18	25	40	63	100	160	250	0.4	0.63	1	1.6	2.5	4	6.3
180	250	4.5	7	10	14	20	29	46	72	115	185	290	0.46	0.72	1.15	1.85	2.9	4.6	7.2
250	315	6	8	12	16	23	32	52	81	130	210	320	0.52	0.81	1.3	2.1	3.2	5.2	8.1
315	400	7	9	13	18	25	36	57	89	140	230	360	0.57	0.89	1.4	2.3	3.6	5.7	8.9
400	500	8	10	15	20	27	40	63	97	155	250	400	0.63	0.97	1.55	2.5	4	6.3	9.7
500	630	9	11	16	22	32	44	70	110	175	280	440	0.7	1.1	1.75	2.8	4.4	7	11
630	800	10	13	18	25	36	50	80	125	200	320	500	0.	1.25	2	3.2	5	8	12.5
800	1000	11	15	21	28	40	56	90	140	230	360	560	0.9	1.4	2.3	3.6	5.6	9	14
1000	1250	13	18	24	33	47	66	105	165	260	420	660	1.05	1.65	2.6	4.2	6.6	10.5	16.5
1250	1600	15	21	29	39	55	78	125	195	310	500	780	1.25	1.95	3.1	5	7.8	12.5	19.5
1600	2000	18	25	35	46	65	92	150	230	370	600	920	1.5	2.3	3.7	6	9.2	15	23
2000	2500	22	30	41	55	78	110	175	280	440	700	1100	1.75	2.8	4.4	7	11	17.5	28
2500	3150	26	36	50	68	96	135	210	330	540	860	1350	2.1	3.3	5.4	8.6	13.5	21	33

例 1-4 查出公称尺寸为 35mm、标准公差等级为 6 级的公差数值。

解：查表 1-1，在公称尺寸栏中，找到含有所查公称尺寸值的尺寸段（如尺寸 35mm，应查 30～50mm 尺寸段），然后向标准公差表的右方画横线；在标准公差等级栏中找到所查的公差等级 6，向下画线，两条直线的交点值即所查的标准公差数值。本例所查出的标准公差数值为 16μm。

课堂练习

查出下列标准公差数值。

1. 公称尺寸为 60mm、标准公差等级为 7 级的标准公差数值。
2. 公称尺寸为 50mm、标准公差等级为 11 级的标准公差数值。
3. 公称尺寸为 85mm、标准公差等级为 12 级的标准公差数值。

二、基本偏差代号

1. 基本偏差

GB/T 1800.1—2009 规定，用以确定公差带相对于零线位置的上极限偏差或下极限偏差称为基本偏差。

基本偏差是在公差带图中靠近零线的极限偏差，如图 1-12 所示，它可能是上极限偏差，也可能是下极限偏差。当公差带的某一偏差为零时，此偏差就是基本偏差。

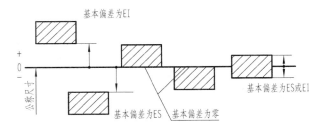

图 1-12 基本偏差

有的公差带相对于零线是完全对称的，则基本偏差可为上极限偏差，也可为下极限偏差。GB/T 1800.1—2009 对基本偏差的代号规定如下：孔用大写字母 A、B、…、ZC 表示，轴用小写字母 a、b、…、zc 表示，如图 1-13 所示，各 28 个。其中，H 代表基准孔的基本偏差代号，h 代表基准轴的基本偏差代号。GB/T 1800.1—2009 给出了公称尺寸至 3150mm 的孔的基本偏差数值，见附表一；同时给出了轴的基本偏差数值，见附表二。

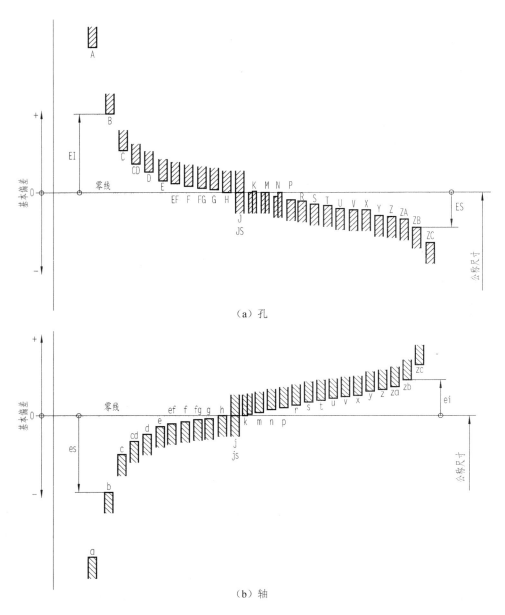

（a）孔

（b）轴

图 1-13 基本偏差系列图

特别提示

虽然基本偏差既可以是上极限偏差，也可以是下极限偏差，但对一个尺寸公差带

只能规定其中一个为基本偏差。

2. 基本偏差代号

基本偏差代号用拉丁字母表示,大写字母表示孔的基本偏差,小写字母表示轴的基本偏差。为了不与其他代号混淆,在 26 个字母中去掉了 I、L、O、Q、W（i、l、o、q、w）5 个字母,又增加了 7 个双写字母 CD、EF、FG、JS、ZA、ZB、ZC（cd、ef、fg、js、za、zb、zc）。这样,孔和轴各有 28 个基本偏差代号,见表 1-2。

表 1-2　孔和轴的基本偏差代号

孔	A	B	C	D	E	F	G	H	J	K	M	N	P	R	S	T	U	V	X	Y	Z			
			CD		EF	FG			JS													ZA	ZB	ZC
轴	a	b	c	d	e	f	g	h	j	k	m	n	p	r	s	t	u	v	x	y	z			
			cd		ef	fg			js													za	zb	zc

3. 基本偏差系列图及其特征

图 1-13 所示的基本偏差系列图表示公称尺寸相同的 28 种孔、轴的基本偏差相对零线的位置关系。此图只表示公差带位置,不表示公差带大小,所以,图中公差带只画了靠近零线的一端,另一端是开口的,开口端的极限偏差由标准公差确定。

基本偏差系列图的特征如下:

1) 孔和轴同字母的基本偏差相对零线基本呈对称分布。

2) 在基本偏差数值表中将 js 划归为上极限偏差,将 JS 划归为下极限偏差。

3) 代号 k、K 和 N 随公差等级的不同,基本偏差数值有两种不同的情况（K、k 可为正值或零值,N 可为负值或零值）,而代号 M 的基本偏差数值随公差等级不同有 3 种不同的情况（正值、负值或零）。

4) 代号 j、J 及 P～ZC 的基本偏差数值与公差等级有关。

—— 课堂练习

根据图 1-13 回答以下问题:

1. 代号为 H（h）的基本偏差数值为多少?

2. 代号为 D 的基本偏差是上极限偏差还是下极限偏差?

3. 代号为 t 的基本偏差是上极限偏差还是下极限偏差?

4. 公差带代号及标注方法

孔、轴公差带代号由基本偏差代号与公差等级数字组成。国家标准规定，一个完整的尺寸公差代号是由公称尺寸、基本偏差代号和公差等级组成的，如图 1-14 所示。

φ10H8

- 孔公差带代号
- 孔公差等级为8级（表示公差带大小）
- 孔的基本偏差代号（表示公差带位置）
- 公称尺寸

图 1-14 尺寸公差代号组成示意图

根据国家标准规定，标准公差等级有 20 级，基本偏差代号有 28 个，由此可以组成很多种公差带。在生产实践中，为了实现零件的互换性，尽可能减少零件、定值刀具、量具及工艺装备的品种和规格，国家标准对尺寸公差的大小及数量做了必要的限制。

国家标准对公称尺寸至 500mm 的孔、轴规定了优先、常用和一般 3 类公差带。在实际应用中，选择各类公差带的顺序是首先选择优先公差带，其次选择常用公差带，最后选择一般公差带。

轴的一般公差带有 116 种，如图 1-15 所示；在一般公差带中规定了 59 种常用公差带，如图中线框框住的公差带；在常用公差带中规定了 13 种优先公差带，如图中圆圈圈住的公差带。同样，对孔公差带规定了 105 种一般公差带、44 种常用公差带和 13 种优先公差带，如图 1-16 所示。

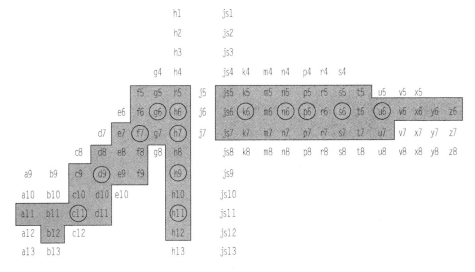

图 1-15 公称尺寸至 500mm 的一般轴公差带、常用轴公差带和优先轴公差带

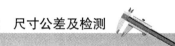

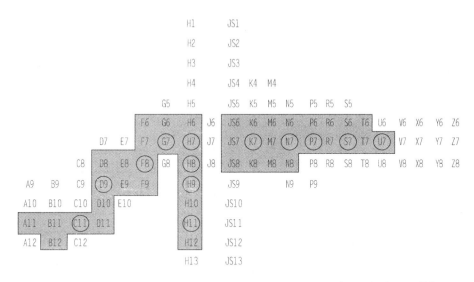

图 1-16　公称尺寸至 500mm 的一般孔公差带、常用孔公差带和优先孔公差带

三、线性尺寸的未注公差

设计时，对机器零件上各部位提出的尺寸、形状和位置等精度要求，取决于它们的使用功能要求。零件上的某些部位在使用功能上无特殊要求，则可给出一般公差。

1. 一般公差的概念

线性尺寸一般公差是在车间普通工艺条件下，机床设备一般加工能力可保证的公差。在正常维护和操作情况下，它代表经济加工精度。

国家标准规定：采用一般公差时，在图样上不单独注出公差，而是在图样上、技术文件或技术标准中作出总的说明。采用一般公差时，在正常的生产条件下，尺寸一般可以不进行检验，而由工艺保证。

零件图样上采用一般公差后，有以下好处：简化制图，使图样清晰易读。图样上突出了标有公差要求的部位，以便在加工和检测时引起重视，还可简化零件上某些部位的检测。

2. 线性尺寸的一般公差标准

国家标准规定：线性尺寸的一般公差适用于非配合尺寸。线性尺寸的一般公差规定了 4 个等级，即 f（精密级）、m（中等级）、c（粗糙级）和 v（最粗级）。一般公差线性尺寸的极限偏差数值见表 1-3，倒圆半径与倒角高度尺寸的极限偏差数值见表 1-4。

表 1-3　一般公差线性尺寸的极限偏差数值　　　　　　　　单位：mm

公差等级	尺寸分段							
	0.5～3	>3～6	>6～30	>30～120	>120～400	>400～1000	>1000～2000	>2000～4000
f（精密级）	±0.05	±0.05	±0.1	±0.15	±0.2	±0.3	±0.5	—
m（中等级）	±0.1	±0.1	±0.2	±0.3	±0.5	±0.8	±1.2	±2
c（粗糙级）	±0.2	±0.3	±0.5	±0.8	±1.2	±2	±3	±4
v（最粗级）	—	±0.5	±1	1.5	±2.5	±4	±6	±8

表 1-4　一般公差倒圆半径与倒角高度尺寸的极限偏差数值　　　　　单位：mm

公差等级	尺寸分段			
	0.5～3	>3～6	>6～30	>30
f（精密级）	+0.2	+0.5	+1	+2
m（中等级）				
c（粗糙级）	±0.4	±1	±2	±4
v（最粗级）				

注：倒圆半径和倒角高度的含义参见《零件倒圆与倒角》（GB/T 6403.4—2008）。

3. 公差等级的应用

f 级——自动化仪器仪表、邮电机械、印染机械、烟草机械、印刷机械。

m 级——汽车、拖拉机、冶金、矿山机械、化工机械、通用机械、工程机械、工量具等。

c 级——木模铸造、自由锻造、压弯延伸、模锻、纺织机械等。

v 级——冷作、焊接、气割等。

4. 线性尺寸一般公差的表示方法

在图样上、技术文件或技术标准中，用标准号和公差等级符号表示线性尺寸的一般公差，如当一般公差选用中等级时，可在零件图样上（标题栏上方）标明：未注公差尺寸按 GB/T 1804—m。

测量的标准温度为 20℃。这一规定的含义是图样上和标准中规定的极限和配合是在 20℃时给定的，因此测量结果应以零件和测量器具的温度在 20℃时为准。

如果零件与计量器具的线膨胀系数相同，测量时只需使计量器具与零件保持相同的温度，可以偏离 20℃。

阅读材料

一、尺寸公差在图样上的标注

在零件图中标注尺寸公差时，有以下 3 种方法。

1）用公称尺寸与公差带代号表示，如图 1-17（a）所示，该方法适用于大批量生产的要求。

2）用公称尺寸与极限偏差表示，如图 1-17（b）所示，该方法对于零件的加工较为方便，适用于单件或小批量的生产要求。

3）用公称尺寸、公差带与极限偏差共同表示，如图 1-17（c）所示，该方法兼有上面两种方法的优点，但标注较麻烦，适用于批量不定的生产要求。

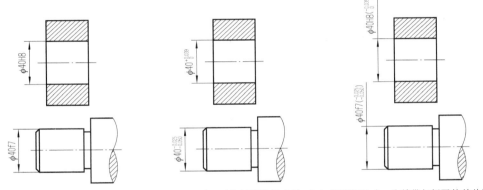

（a）用公称尺寸与公差带代号表示　（b）用公称尺寸与极限偏差表示　（c）用公称尺寸、公差带与极限偏差共同表示

图 1-17　尺寸公差在零件图中的标注

二、极限偏差表

图 1-17（a）所示的尺寸需要查表才能确定其极限偏差。GB/T 1800.1—2009 列出了孔优先公差带的极限偏差表（见附表三）和轴优先公差带的极限偏差表（见附表四）。当看到加工尺寸如 $\phi40f7$ mm 时，查附表四中"＞30～40"行，"f7"列，行和列的交叉点数值为 $^{-25}_{-50}$，数值单位为 μm，换算为毫米为 $^{-0.025}_{-0.050}$，由此可知需加工的尺寸为 $\phi40^{-0.025}_{-0.050}$ mm。

三、基本偏差的数值

本书附表三和附表四只列出了孔和轴优先公差带的极限偏差，对于极限偏差表中查不到的尺寸，可以通过查基本偏差数值表和标准公差表计算其极限偏差。

例如，$\phi45G8$ mm，因为 G 为大写，表示孔。查附表一中大于 40 至 50 行，"G"列，查得值为+9μm，由表头可知，查得值为下极限偏差 EI；查表 1-1，公称尺寸大于 30 至 50 行，"IT8"列，查得公差值为 39μm。

根据公式，ES=IT+EI=0.039+（+0.009）=+0.048（mm）。

所以查表计算知，$\phi45G8$ mm 用极限偏差表示为 $\phi45^{+0.048}_{+0.009}$ mm。

想一想

1. 在加工中看到图 1-17（a）所示的图样，该如何加工，如何知道要加工至什么尺寸才合格？

2. $\phi45G8$mm 在极限偏差表中能查出其偏差值吗？

课堂练习

查极限偏差表，确定 $\phi40H8$mm 的极限偏差数值。

思考与练习

一、判断题

1. 两个标准公差中，数值大的所表示的尺寸精度必定比数值小的所表示的尺寸精度低。   （　　）

2. 不论尺寸公差数值是否相等，只要公差等级相同，则尺寸精度就相同。
                                                                （　　）

3. 公差等级相同时，其加工精度一定相同；公差数值相等时，其加工精度不一定相同。   （　　）

4. 基本偏差可以是上极限偏差，也可以是下极限偏差，因而一个公差带的基本偏差可能出现两个。   （　　）

5. 由于基本偏差为靠近零线的那个偏差，因此一般以数值小的偏差作为基本偏差。
                                                                （　　）

6. 代号 JS 和 js 形成的公差带为完全对称公差带，故其上、下极限偏差相等。
                                                                （　　）

7．因为公差等级不同，所以 ϕ50H7mm 和 ϕ50H8 mm 的基本偏差数值不相等。
（　　）

8．线性尺寸的一般公差是指加工精度要求不高不低，处于中间状态的尺寸公差。
（　　）

二、简答题

1．标准公差与哪两个因素有关？

2．根据尺寸 ϕ65M8mm 回答以下问题：

（1）简述公差带代号的组成。

（2）孔和轴各有多少个基本偏差代号？

（3）国家标准规定，标准公差等级有多少个？哪一级精度最高？

（4）解释代号的含义。

3．在零件图中标注尺寸公差的方法有哪些？各有什么特点？请举例说明。

4．国家标准对线性尺寸的一般公差规定了几个等级？

5．查表确定下列尺寸的极限偏差。

（1）ϕ30h7mm　　　（2）ϕ55D9mm　　　（3）ϕ50R6mm　　　（4）ϕ30js7mm

第五节　用游标卡尺测量尺寸

一、游标卡尺的结构

游标卡尺是一种常用的量具，具有结构简单、使用方便、精度中等和测量的尺寸范围大等特点，可以用它来测量零件的外径、内径、长度、宽度、厚度、深度和孔距等，应用范围很广。其结构如图 1-18 所示，主要包括以下几个主要部分。

1）尺身。尺身上有类似钢直尺一样的刻度，刻线间距为 1mm。尺身的长度取决于游标卡尺的测量范围。其测量范围有 0～125mm、0～200mm、0～300mm、0～500mm、300～800mm、400～1000mm、600～1500mm、800～2000mm 等。

2）游标尺。尺身上有游标，游标可以沿尺身来回滑动，制动螺钉用来锁紧游标的位置。游标卡尺的读数精度是指使用游标卡尺测量零件尺寸时，卡尺上能够读出的最小数值。

3）深度尺。深度尺用来测量孔深和零件高度，深度尺固定在游标的背面，能随着游标在尺身的导向凹槽中移动。

4）量爪。外测量爪用来测量外侧尺寸，如圆柱直径等；内测量爪用来测量内侧尺寸，如孔的直径等。

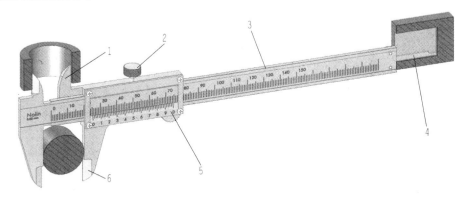

图 1-18　游标卡尺的结构

1—内测量爪；2—制动螺钉；3—尺身；4—深度尺；5—游标尺；6—外测量爪

二、游标卡尺的分度原理与读数方法

1. 游标卡尺的分度原理

游标卡尺根据其所能达到的测量精度，通常分为 0.10mm、0.05mm 和 0.02mm 3 种规格，其中测量精度为 0.02mm 的游标卡尺最为常用。不同测量精度的游标卡尺其示值如图 1-19 所示。

（a）测量精度 0.10mm

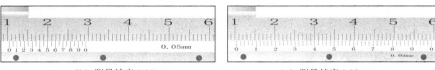

（b）测量精度 0.05mm　　　　　　（c）测量精度 0.02mm

图 1-19　游标卡尺测量精度

测量精度为 0.02mm 的游标卡尺其分度原理如图 1-20 所示。主标尺标记每格为 1mm，其游标尺上 50 格总长度为 49mm，每格为 49÷50=0.98（mm），与主标尺标记每格相差 1-0.98=0.02（mm）。

2. 游标卡尺的读数方法

读数时，先读出游标尺上零标记线左边与主标尺上相距最近的一条标记线表示的毫米数，为测得尺寸值的整数部分，如图 1-21 所示为 30mm；再找出游标尺上与主标尺标记对齐的那条标记线，然后用这条标记线与游标尺左面零标记线之间的格数乘以卡尺的读数精度（0.02mm），为测得尺寸值的小数部分，如图 1-21 所示为 12×0.02=0.24（mm）；把从尺身上读得的整数和从游标上读得的小数加起来即测得的尺寸数值，如图 1-21 所示为 30+0.24=30.24（mm）。

图 1-20　测量精度 0.02mm 游标卡尺分度原理　　　图 1-21　游标卡尺的读数方法

课堂练习

1. 随机挑取课堂上的现有物品，用游标卡尺测量其尺寸，如书的厚度、铅笔的直径等。

2. 将游标卡尺调整成教师指定的尺寸，如 27.14mm、54.36mm 等。

三、游标卡尺的测量方法

使用游标卡尺测量零件各部分尺寸的方法和步骤见表 1-5。

表 1-5　游标卡尺的测量方法

测量项目	测量方法	注意事项
测量内孔尺寸		1）量爪张开距离应小于零件的尺寸，然后拉动游标靠近零件内表面； 2）作用在游标上的推力要适中； 3）量爪应过零件中心

测量项目	测量方法	注意事项
测量外圆尺寸		1）量爪张开距离应大于零件的尺寸，然后推动游标靠近零件外表面； 2）量爪应通过零件中心
测量长度尺寸		零件应摆正，使量爪与被测表面充分接触
测量深度尺寸		1）深度尺应沿着测量方向慢慢探入； 2）深度尺与内孔底面接触后再读数

四、处理数据，判断尺寸合格性

测量尺寸的目的是得到被测尺寸的客观真实数据，但由于测量方法、测量仪器、测量条件及观测者水平等多种因素的限制，只能获得其近似值，即测量一定是有误差的。为了减少误差，一般进行多次测量，计算测量数据的算术平均值，即

$$\bar{l} = \frac{l_1 + l_2 + \cdots + l_n}{n}$$

式中，$l_1 + l_2 + \cdots + l_n$——测得尺寸之和（mm）；

$\bar{l}$——测量数据的算术平均值（mm）。

判断零件合格的条件是测得尺寸必须在上极限尺寸与下极限尺寸之间。将几次测量的测得尺寸的算术平均值与其上极限尺寸和下极限尺寸进行比较，来判断零件尺寸是否合格。例如，测量图 1-22 所示轴套的外圆尺寸 $\phi45$mm 是否合格，轴套尺寸的合格性判

断见表1-6。

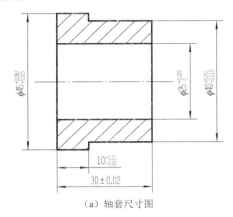

（a）轴套尺寸图

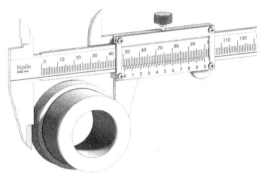

（b）轴套测量方法

图 1-22 轴套外圆尺寸的判断

表 1-6 轴套外圆测得尺寸及尺寸合格性的判断

被测尺寸 /mm	上极限尺寸 /mm	下极限尺寸 /mm	测得尺寸 l_1 /mm	测得尺寸 l_2 /mm	测得尺寸的算术平均值 $\bar{l}$ /mm	尺寸合格性
$\phi45^{+0.087}_{+0.025}$	45.087	45.025	45.12	45.10	45.11	不合格

分析表 1-6 所示测量尺寸可知，该零件最大外圆的测得尺寸的算术平均值为

$$\bar{l} = \frac{l_1 + l_2}{2} = \frac{45.12 + 45.10}{2} = 45.11\,(\text{mm})$$

由于测得尺寸的算术平均值大于要求的上极限尺寸，因此零件的该尺寸不合格。由于该尺寸为外圆尺寸，因此零件没有完全报废，可以将零件返工，将尺寸加工到两极限尺寸之间。

阅读材料

一、游标卡尺的最大允许误差

游标卡尺是一种中等精度的量具，只适用于中等精度尺寸的测量和检验。用游标卡尺测量锻造和铸造件的毛坯是不合理的，测量精度要求很高的尺寸也是不合理的。前者容易损坏量具，后者测量精度达不到要求。

量具都有一定的最大允许误差。例如，用测量精度为 0.02mm 的游标卡尺（最大允许误差为 ±0.02mm）测量 $\phi50$mm 的尺寸时，若游标卡尺的读数为 50.00mm，则实际尺寸可能是 50.02mm 或 49.98mm。这并非游标卡尺的使用方法有问题，而是它本身制造精度所允许产生的误差。因此，测量精度为 0.02mm 的游标卡尺只能测量公差 ≥0.04mm 的尺寸。常用游标卡尺的最大允许误差见表 1-7。

表 1-7　常用游标卡尺的最大允许误差　　　　　　　　单位：mm

游标卡尺测量精度	0.02	0.05	0.10
示值误差	±0.02	±0.05	±0.10

二、其他游标卡尺

1. 游标深度卡尺

游标深度卡尺如图 1-23 所示，用于测量零件的深度尺寸或台阶高低和槽的深度。

2. 带表游标卡尺

一般游标卡尺都存在一个共同的问题，就是读数不清晰，容易读错，有时不得不借助放大镜将读数部分放大。带表游标卡尺的出现则很好地解决了这一问题，其读数精度、测量精度都有所提高。带表游标卡尺如图 1-24 所示。

图 1-23　深度游标卡尺　　　　　　图 1-24　带表游标卡尺

3. 数显游标卡尺

数显游标卡尺是指有数字显示装置的游标卡尺，这种游标卡尺在零件表面上测量尺寸时，直接用数字显示出来，使用极为方便。数显游标卡尺如图 1-25 所示。

4. 齿厚游标卡尺

齿厚游标卡尺相当于把两个游标卡尺相互垂直的连接起来。齿厚游标卡尺主要用于测量齿轮分度圆的弦厚度，如图 1-26 所示。

5．游标高度卡尺

游标高度卡尺由底座、尺身和尺框组成，尺框上安装的量爪分为测高量爪和划线量爪，分别用于测量高度和钳工划线，如图 1-27 所示。

图 1-25　数显游标卡尺　　　　图 1-26　齿厚游标卡尺　　　　1-27　游标高度卡尺

三、游标卡尺的使用注意事项

游标卡尺的使用注意事项如下：

1）使用前先把量爪和被测零件表面擦净，以免影响测量精度。

2）检查各部件的相互作用，如尺框和微动装置移动是否灵活，制动螺钉能否起作用。

3）校对零位。使卡尺两量爪合拢后，游标尺的零标记线与主尺零标记线是否对齐。如果没有对齐，一般应送计量部门检修，若仍要使用，需加校正值。

4）测量时要掌握好量爪与被测表面的接触压力，既不能太大，也不能太小。

5）测量时要使量爪与被测表面处于正确位置。

6）读数时，卡尺应朝着光亮的方向，使视线尽可能垂直尺面。

思考与练习

一、简答题

1．游标卡尺的分度值有哪几种？

2．说明分度值为 0.02mm 的游标卡尺的分度原理。

3．使用游标卡尺时，应注意哪些问题？

二、实操题

1. 读出图 1-28 所示各游标卡尺的示值。

（a）练习（一）　　　　　　　　　　　　　　（b）练习（二）

（c）练习（三）　　　　　　　　　　　　　　（d）练习（四）

图 1-28　游标卡尺读数练习

2. 画出下列游标卡尺所表示的尺寸的读数示意图。

（1）测量精度为 0.02mm 的游标卡尺，显示的被测零件尺寸为 8.34mm。

（2）测量精度为 0.02mm 的游标卡尺，显示的被测零件尺寸为 30.64mm。

第六节　用千分尺测量尺寸

一、千分尺的结构

　　千分尺是一种精密量具，测量精度比游标卡尺高，而且较灵敏。千分尺的种类很多，常用的有外径千分尺、两点内径千分尺、深度千分尺、螺纹千分尺和内测千分尺等。各种千分尺的结构大同小异，现以常用的外径千分尺为例来说明其结构。外径千分尺的结构如图 1-29 所示，由尺架、测微螺杆、测力装置、微分筒和锁紧装置等组成。

　　尺架 1 的一端装有测砧 2，另一端是测微头。尺架的两侧面上覆盖着隔热装置 12，以防止使用时手的温度影响千分尺的测量精度。测微头由零件 3~9 组成。螺纹轴套 5 镶入尺架中，固定套管 4 用螺钉固定在它的上面，测微螺杆 3 的中部是精度很高的外螺纹，其螺距为 0.5mm，与螺纹轴套 5 右端的螺孔精密配合，其配合间隙可用调节螺母 7 调整，使测微螺杆自如地转动且间隙极小。测微螺杆右端的外锥与接头 8 的内锥相配，接头上开有轴向槽，张开后使微分筒 6 与测微螺杆结合成一体。

　　外径千分尺的测力装置结构如图 1-30 所示。测力装置主要靠一对棘轮 3 和 4 工作。

在测量时，旋转帽 5 的运动通过棘轮 4、3 传给螺钉 1，带动测微螺杆转动；当测量力超过弹簧 2 的弹力时，棘轮 3 便压缩弹簧 2 在棘轮 4 上打滑，测微螺杆停止旋进。通过测力装置，可以控制测量力。当测力减小时，可拧紧螺钉 6，以增大弹簧力，使测力也随之增加。

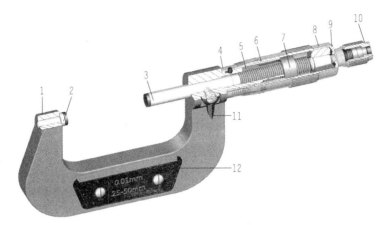

图 1-29　外径千分尺的结构

1—尺架；2—测砧；3—测微螺杆；4—固定套管；5—螺纹轴套；6—微分筒；
7—调节螺母；8—接头；9—垫片；10—测力装置；11—测微螺杆锁紧装置；12—隔热装置

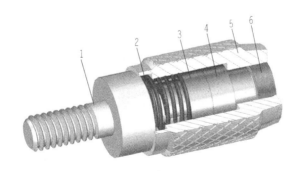

图 1-30　外径千分尺测力装置结构

1、6—螺钉；2—弹簧；3、4—棘轮；5—旋转帽

　　外径千分尺的锁紧装置用于固定测得的尺寸或所需要的尺寸。

　　由于精密测微螺杆在制造上有一定的困难，因此螺杆移动量一般为 25mm。千分尺的测量范围有 0～25mm、25～50mm、50～75mm 等，最大可到 3000mm。按精度的不同，千分尺分为 0 级、1 级和 2 级。

二、千分尺的分度原理与读数方法

1. 千分尺的分度原理

千分尺的读数机构由固定套管和微分筒组成，如图 1-31 所示。在固定套管上的标尺标记作为微分筒读数的基准线，标记线上下方各刻有 25 个格，标尺间距为 1mm，上一排标记线的起始位置与下一排标记线的起始位置错开 0.5mm，这样可读得 0.5mm 数值。微分筒圆周标记有 50 个标尺分度，测微螺杆的螺距为 0.5mm。因此，当微分筒旋转一周时，测微螺杆移动 0.5mm，微分筒转一格（1/50 转）时，测微螺杆移动 0.5/50＝0.01（mm），故千分尺的分度值为 0.01mm。

图 1-31   千分尺的分度原理

2. 千分尺的读数方法

1）读整数部分。根据微分筒锥面的端面左边在固定套管上露出来的标记线读出被测零件的毫米整数或半毫米数。

2）读小数部分。根据微分筒上由固定套管纵标记线所对准的标记线读出被测零件的小数部分。不足一格的数，估算确定。

3）求和。将整数部分和小数部分相加，即被测零件的尺寸。

千分尺的读数示例如图 1-32 所示。

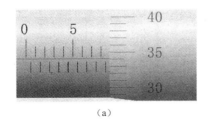
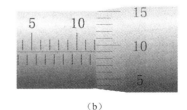

（a）   （b）

图 1-32   千分尺读数示例

1. 准备一些常见的机械零件，在课堂上用千分尺进行测量，如圆柱销的直径、平键的宽度等。

2. 将千分尺调整成教师指定的尺寸，如 27.14mm、54.36mm 等。

三、千分尺的校零

使用千分尺时，先要检查其零位是否校准，校零方法如图 1-33 所示。除 0～25mm 的外径千分尺外，其他规格的千分尺均配有相应的标准校零检验棒。校零时，先松开锁紧装置，清除油污，特别是要清洗干净测砧与测微螺杆间的接触面。先旋转微分筒，直至测微螺杆要接近测砧时，旋转测力装置，当螺杆刚好与测砧接触时会听到"咔、咔"声，这时停止转动，两零标记线应重合（两零标记线重合的标志：微分筒的端面与固定套管上的零标记线重合，且可动分度的零标记线与固定分度的水平基准线重合）。如果两零标记线不重合，可将固定套管上的锁紧螺钉松动，用专用扳手调节固定套管的位置，使两零标记线重合，再把锁紧螺钉拧紧。

图 1-33 千分尺的校零

四、用外径千分尺测量零件

1. 双手测量法

左手握千分尺，右手转动微分筒，使测微螺杆靠近零件，然后用右手转动测力装置，保持恒定的测量力，如图 1-34 所示。测量时，必须保证测微螺杆的轴心线与零件的轴心线相交，且与零件的轴心线垂直。该方法适用于较大零件或较大尺寸的测量。

2. 单手测量法

左手拿零件，右手握千分尺，同时转动微分筒，如图 1-35 所示。此法适用于较小零件或较小尺寸的测量。测量时，施加在微分筒上的转矩要适当。

图 1-34　双手测量法

图 1-35　单手测量法

阅读材料

一、千分尺的使用注意事项

千分尺的使用注意事项如下。

1）测量不同精度等级的零件，应选用不同精度的千分尺。

2）测量前应校对零位。对于测量范围为 0～25mm 的千分尺，校对零位时使两测量面接触，看微分筒上的零标记线是否与固定套管的零标记线对齐；对于测量范围为 25～50mm 的千分尺，应在两测量面之间正确安放标准校零检验棒来校对零位。

3）测量时先用手转动微分筒，待测量面与被测表面接触时，再转动测力装置，使测微螺杆的测量面接触零件表面，听到两三声"咔、咔"响声后再读数。使用测力装置时应平稳地转动，用力不可过猛，以防测力急剧加大。

4）千分尺测量轴的中心线应与被测长度方向一致，不要歪斜。

5）不能将千分尺作为卡规使用，以防止划坏千分尺的测量面。

6）读数时，不要错读 0.5mm 的小数。

二、其他千分尺

1. 螺纹千分尺

螺纹千分尺（图 1-36）常用来测量螺纹的中径，使用方法与一般的外径千分尺相似。它有两个可调换的测量头，在测量时，两个牙形触头正好卡在螺纹的牙形面，所得到的千分尺读数就是该螺纹的中径实际尺寸。

2. 公法线千分尺

公法线千分尺（图 1-37）主要用来测量齿轮公法线长度，也可用于测量零件特殊部位的尺寸，如筋、键、成形刀具的刃、弦齿等的厚度。

图 1-36　螺纹千分尺

图 1-37　公法线千分尺

3. 深度千分尺

深度千分尺（图 1-38）用于机械加工中深度、台阶等尺寸的测量。深度千分尺的结构除了用基座代替尺架和测砧外，与外径千分尺没有区别。

4. 两点内径千分尺

两点内径千分尺（图 1-39）适用于测量零件的孔径、槽宽等尺寸。测量孔径时，在孔中不能歪斜，以保证测量准确；测量槽宽时，注意要将内径千分尺摆正，以测量的最小值作为槽的宽度。

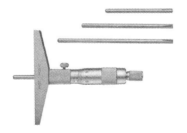
图 1-38　深度千分尺

图 1-39　两点内径千分尺

思考与练习

一、简答题

1. 千分尺按照测量范围分为哪几种？
2. 说明外径千分尺的分度原理。
3. 使用千分尺时应注意哪些问题？

二、实操题

1. 读出图 1-40 所示各千分尺的示值。

（a）练习（一）

（b）练习（二）

（c）练习（三）

图 1-40　千分尺读数练习

2. 画出下列千分尺所表示的尺寸的读数示意图。
（1）10.86mm。
（2）6.54mm。

第二章

孔轴配合类型及配合制的选择

知识目标

1. 掌握配合的定义、配合代号的组成及配合的类型。
2. 掌握公差带图的绘制方法。
3. 了解配合制和孔、轴公差等级的选择方法。

能力目标

1. 能正确绘制公差带图，并根据公差带图分析配合性质。
2. 能根据配合代号判断配合制和配合类型。

在机械设备中，经常遇到孔与轴相结合的情况。有些孔和轴之间可以有相对转动，而有些孔和轴之间不能产生相对转动。那么孔与轴之间的结合情况究竟有几种？在实际的应用中该如何选择？

第一节　认识配合

一、配合

公称尺寸相同的相互结合的孔和轴公差带之间的关系称为配合。配合是指一批孔、轴的装配关系，而不是指单个孔和单个轴的装配关系。

相互配合的孔和轴其公称尺寸应该是相同的。孔和轴公差带之间的不同决定了孔、轴结合的松紧程度，即决定了孔、轴的配合性质。

孔的尺寸减去相配合的轴的尺寸为正时是间隙，一般用 X 表示，其数值前应标"+"号；孔的尺寸减去相配合的轴的尺寸为负时是过盈，一般用 Y 表示，其数值前应标"−"号。

二、配合类型

根据形成间隙和过盈的情况，配合分为 3 类，即间隙配合、过盈配合和过渡配合。

1. 间隙配合

孔的实际尺寸总比轴的实际尺寸大，即具有间隙（包括最小间隙等于零）的配合。此时孔的公差带在轴的公差带之上，如图 2-1 所示。间隙配合主要用于两配合表面间有相对运动的地方。

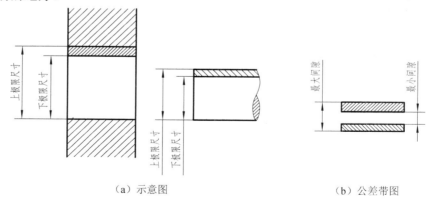

（a）示意图　　　　　　　　　（b）公差带图

图 2-1　间隙配合

由于孔、轴的实际（组成）要素允许在其公差带内变动，因此其配合的间隙也是变动的。当孔为上极限尺寸，而与其相配合的轴为下极限尺寸时，配合处于最松状态，此时的间隙称为最大间隙，用 X_{max} 表示。反之则为最小间隙，用 X_{min} 表示。

$$X_{max} = D_{max} - d_{min} = ES - ei \qquad (2\text{-}1)$$
$$X_{min} = D_{min} - d_{max} = EI - es \qquad (2\text{-}2)$$

最大间隙和最小间隙统称为极限间隙，它们表示间隙配合中允许间隙变动的两个界值。孔、轴装配后的实际间隙在最大间隙和最小间隙之间。

特别提示

当孔的下极限尺寸等于轴的上极限尺寸时，最小间隙等于零，称为零间隙。

2. 过盈配合

孔的实际尺寸总比轴的实际尺寸小，即具有过盈（包括最小过盈等于零）的配合。此时孔的公差带在轴的公差带之下，如图 2-2 所示。过盈配合主要用于两配合表面间要求紧密连接的场合。

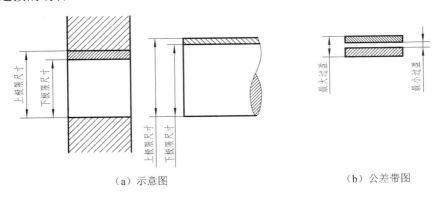

（a）示意图　　　　　　　　　　（b）公差带图

图 2-2　过盈配合

由于孔、轴的实际（组成）要素允许在其公差带内变动，因此其配合的过盈也是变动的。当孔为下极限尺寸，而与其相配的轴为上极限尺寸时，配合处于最紧状态，此时的过盈称为最大过盈，用 Y_{max} 表示。当孔为上极限尺寸，而与其相配的轴为下极限尺寸时，配合处于最松状态，此时的过盈称为最小过盈，用 Y_{min} 表示。

$$Y_{max} = D_{min} - d_{max} = EI - es \qquad (2\text{-}3)$$
$$Y_{min} = D_{max} - d_{min} = ES - ei \qquad (2\text{-}4)$$

最大过盈和最小过盈统称为极限过盈，它们表示过盈配合中允许过盈变动的两个界值。孔、轴装配后的实际过盈在最大过盈和最小过盈之间。

特别提示

当孔的上极限尺寸等于轴的下极限尺寸时，最小过盈等于零，称为零过盈。

想一想

过盈配合是孔小轴大的情况，孔小轴大如何装配？

3. 过渡配合

轴的实际尺寸和孔的实际尺寸相比有时小、有时大，即可能具有间隙也可能具有过盈的配合。此时孔的公差带与轴的公差带相互交叠，如图 2-3 所示。过渡配合主要用于要求对中性较好的情况。

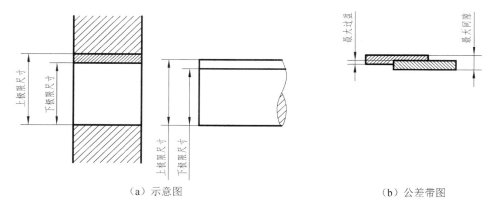

（a）示意图　　　　　　　　　　　　　（b）公差带图

图 2-3　过渡配合

当孔为上极限尺寸，而轴为下极限尺寸时，配合处于最松状态，此时的间隙为最大间隙。当孔的尺寸小于轴的尺寸时，具有过盈。当孔为下极限尺寸，而轴为上极限尺寸时，配合处于最紧状态，此时的过盈为最大过盈。

$$X_{max} = D_{max} - d_{min} = ES - ei \qquad (2\text{-}5)$$

$$Y_{max} = D_{min} - d_{max} = EI - es \qquad (2\text{-}6)$$

过渡配合也可能出现孔的尺寸减去轴的尺寸为零的情况，该零值可称为零间隙，也可称为零过盈，但它不代表过渡配合的性质特征，而代表过渡配合松紧程度的特征值是最大间隙和最大过盈。

特别提示

过渡配合时孔的公差带和轴的公差带相互交叠，孔、轴公差带相互交叠的情况有3种，如图 2-4 所示。

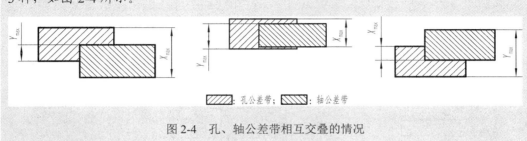

▨ ：孔公差带；▨ ：轴公差带

图 2-4　孔、轴公差带相互交叠的情况

三、配合代号

国家标准规定：配合代号用孔、轴公差带代号的组合表示，写成分数的形式，分子为孔的公差带代号，分母为轴的公差带代号，如图 2-5（a）中的 $\dfrac{H8}{f7}$ 和图 2-5（b）中的 H8 / f7 所示。当标注标准件、外购件与零件的配合关系时，可仅标注相配零件的公差带代号，如图 2-5（c）所示。

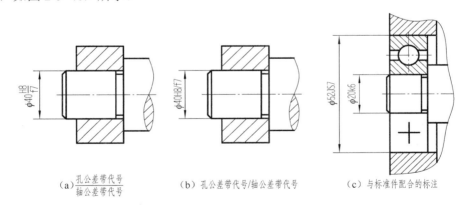

（a）孔公差带代号／轴公差带代号　　（b）孔公差带代号/轴公差带代号　　（c）与标准件配合的标注

图 2-5　配合代号在装配图中的标注

例如，$\phi 40 \dfrac{H8}{f7} \mathrm{mm}(\phi 40 H8 / f7 \mathrm{mm})$ 中，$\phi 40 \mathrm{mm}$ 为公称尺寸，$\dfrac{H8}{f7}$(H8 / f7) 为配合代号，H8 为孔公差带代号，f7 为轴公差带代号，表示公称尺寸为 $\phi 40 \mathrm{mm}$，H8 孔与 f7 轴的配合。

1. 在图 2-6（a）中标注轴与孔配合的装配尺寸。轴的公差带代号为 $\phi30H7mm$，孔的公差带代号为 $\phi30f6mm$。

2. 在图 2-6（b）中根据配合代号，分别标注孔和轴的公差带代号。

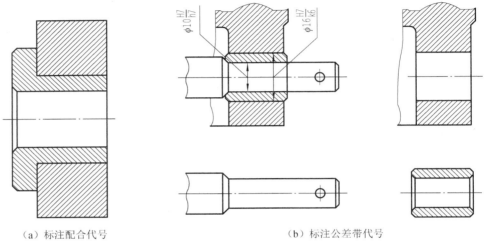

（a）标注配合代号   （b）标注公差带代号

图 2-6　孔、轴装配标代号

阅读材料

过盈配合的装配方法

　　过盈配合装配是指将轴或轴套类零件装入孔中，轴或轴套比孔的尺寸稍大，常见如轴承装配、齿轮装配、链轮装配等。过盈配合装配一般属于不可拆卸的固定连接，在最小过盈时也能保证连接强度。过盈配合件的装配方法有以下几种。

　　1. 人工锤击法和压力机压入法（常温压装）

　　装配前检查零件实际尺寸，确定实际的过盈量大小；检查零件表面粗糙度、倒角和圆角是否合乎要求，以免装配时发生干涉，无法装到位。涂润滑油以减小阻力，均匀加力，缓慢将零件压入孔中预定位置。装配过程中注意观察，避免压坏零件。较大的零件使用压力机压入，小直径零件或过盈量较小的零件可以用锤子和衬垫敲入。

2. 热装

通过加热孔，使其膨胀，当直径增大到一定数值时，再将相配合的轴自由装入孔中。孔冷却后，轴就被紧紧地抱住，产生很大的连接强度，达到过盈配合的要求。

3. 冷装

当孔件较大或形状不规则，而压入的零件较小时，采用加热孔件方法难以实施，可采用冷装配合。将轴低温冷却，使其尺寸缩小，然后装入带孔零件中。

过盈配合的装配方法见表 2-1。

表 2-1　过盈配合的装配方法

过盈量	装配方法
稍有过盈的定位配合	锤子敲击压装
稍大过盈，用于精确定位	大锤或压力机压装
小过盈，用于高精度同轴度定位	压力机压装
中等过盈，用以产生较大结合力	压力机压装或热装
较大过盈，用以传递一定负荷	热装或冷装

思考与练习

一、填空题

1. 孔的尺寸减去相配合的轴的尺寸之差为_____时是间隙，为_____时是过盈。

2. 根据形成间隙或过盈的情况，可将配合分为_____、_____和_____ 3 类。

3. 代表过渡配合松紧程度的特征值是_____和_____。

4. 配合的性质可以根据相配合的孔、轴公差带的相对位置来判别，孔的公差带在轴的公差带之_____时为间隙配合，孔的公差带与轴的公差带相互_____时为过渡配合，孔的公差带在轴的公差带之_____时为过盈配合。

5. 当 $EI-es \geq 0$ 时，此配合必为_____配合；当 $ES-ei \leq 0$ 时，此配合必为_____配合。

6. 孔、轴配合时，若 $ES=ei$，则此配合是_____配合；若 $ES=es$，则此配合是_____配合；若 $EI=es$，则此配合是_____配合；若 $EI=ei$，则此配合是_____配合。

二、判断题

1. 相互配合的孔和轴，其公称尺寸必然相同。　　　　　　　　（　　）

2．凡在配合中出现间隙的，其配合的性质一定属于间隙配合。（　　）

3．过渡配合中可能出现零间隙或零过盈，但它不代表过渡配合的特征。（　　）

4．过渡配合中可能有间隙，也可能有过盈。因此，过渡配合可以算是间隙配合，也可以算是过盈配合。（　　）

第二节　绘制配合公差带图

一、分析配合尺寸

如图 2-7 所示，$\phi38^{+0.025}_{0}$ mm 轴承座要与 $\phi38^{-0.009}_{-0.025}$ mm 轴装配在一起。滑动轴承在工作时，轴和轴承座或轴瓦之间有相对滑动，因此轴和孔之间应有一定的间隙。怎样才能知道它们之间具有间隙呢？

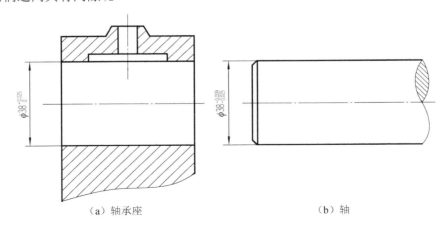

（a）轴承座　　　　　　　　　　　　（b）轴

图 2-7　轴承座与轴的配合

二、孔、轴的配合公差带图的绘制

在实际应用中，为了表达孔和轴之间的装配关系，通常不画出孔和轴的全形。只需按规定将有关公差部分放大画出即可，这种图也称为公差带图。在第一章中学习了绘制单个孔或单个轴的公差带图，本节将学习如何将相配合的孔和轴的公差带绘制在一张图中。

配合公差带图的绘制步骤如下。

1）作出零线：沿水平方向绘制一条直线，并标上"0""+"和"–"，然后作单向尺寸线并标注公称尺寸，如图 2-7 中的公称尺寸为 ϕ38mm。

2）作孔的上、下极限偏差线：首先根据偏差值的大小选定一个适当的作图比例（一般选 500∶1，偏差值较小时可选取 1000∶1），如图 2-7 中，孔的上极限偏差为+0.025mm，下极限偏差为 0。

3）同理作轴的上、下极限偏差线，如图 2-7 中，轴的上极限偏差为-0.009mm，下极限偏差为-0.025mm。

4）在孔、轴上、下极限偏差线左右两侧分别绘制垂直于偏差线的线段，将孔、轴公差带封闭成矩形，这两条垂直线之间的距离没有具体规定，可酌情而定。

5）在孔、轴公差带内分别绘制剖面线，且剖面线方向相反，并在相应的部位分别标注孔、轴的上、下极限偏差值。

根据绘制步骤，作出轴承座与轴的配合（图 2-7）的公差带图，如图 2-8 所示。

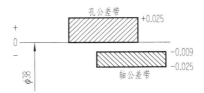

图 2-8 轴承座与轴的配合公差带图

由公差带图可以看出，孔的公差带在轴的公差带上方。在公差带图中，越往上偏差值越大，对应的极限尺寸也越大。在该配合中孔的尺寸大于相配合的轴的尺寸，因此它们装配后会形成间隙。

根据式（2-1）和式（2-2）可知：

$$X_{max} = D_{max} - d_{min} = ES - ei = +0.025 - (-0.025) = +0.050 \text{（mm）}$$
$$X_{min} = D_{min} - d_{max} = EI - es = 0 - (-0.009) = +0.009 \text{（mm）}$$

▊▊▊ 课堂练习 ▊▊▊

绘制下列配合的孔、轴公差带图，判断配合性质，并计算极限间隙（或极限过盈）。

1. 孔为 $\phi 60^{+0.030}_{0}$mm，轴为 $\phi 60^{-0.010}_{-0.029}$mm。

2. 孔为 $\phi 90^{+0.035}_{0}$mm，轴为 $\phi 90^{+0.113}_{+0.091}$mm。

3. 孔为 $\phi 70^{+0.030}_{0}$mm，轴为 $\phi 70^{+0.030}_{+0.010}$mm。

三、配合公差

配合公差是允许间隙或过盈的变动量，配合公差用 T_f 表示。配合公差越大，则配合后的松紧差别程度越大，即配合的一致性差，配合的精度低；反之，配合公差越小，配合后的松紧差别程度也越小，即配合的一致性好，配合的精度高。

间隙配合：

$$T_f = \left| X_{max} - X_{min} \right|$$

过盈配合：

$$T_f = \left| Y_{min} - Y_{max} \right|$$

过渡配合：

$$T_f = \left| X_{max} - Y_{max} \right|$$

配合公差等于组成配合的孔和轴的公差之和，即 $T_f = T_h + T_s$。配合精度的高低是由相配合的孔和轴的精度决定的。配合精度要求越高，孔和轴的精度要求也越高，加工成本越高。反之，配合精度要求越低，孔和轴的加工成本越低。

配合公差公式识记技巧：如图 2-9 所示，纵坐标表示间隙或过盈，零线上方表示间隙，零线下方表示过盈。在计算配合公差时，用每种配合类型中数值大的减去数值小的。

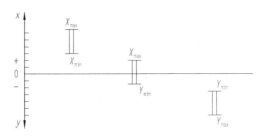

图 2-9　配合公差示意图

课堂练习

计算图 2-9 的配合公差。

阅读材料

配合类型的判断

配合的类型可以根据孔、轴公差带间的相互位置来判别，也可以根据孔、轴的极限偏差来判断。由 3 种配合的孔、轴公差带位置可以看出：

当 EI ≥ es 时，为间隙配合（孔的公差带在轴的公差带之上）；

当 ES ≤ ei 时，为过盈配合（孔的公差带在轴的公差带之下）；

当以上两式都不成立时，为过渡配合（孔、轴公差带互相交叠）。

思考与练习

一、简答题

1. 配合分哪几类？各类配合中其孔、轴的公差带的相互位置是怎样的？
2. 什么是配合公差？写出几种配合公差的计算式。

二、实操题

绘制下列配合的孔、轴公差带图，判断配合性质并计算极限过盈（或极限间隙）和配合公差。

1. 孔为 $\phi 90^{+0.054}_{0}$ mm，轴为 $\phi 90^{+0.145}_{+0.091}$ mm。
2. 孔为 $\phi 70^{+0.030}_{0}$ mm，轴为 $\phi 70^{+0.039}_{+0.020}$ mm。

第三节　选用公差与配合（配合制）

配合制的选择是机械设计与制造中一个十分重要的环节，它是零件在公称尺寸确定的情况下对尺寸精度的设计。极限与配合的选择是否恰当，对产品的性能、质量、互换性及经济性有着重要的影响。极限与配合的选择包括以下内容：配合制的选择、公差等级的选择和配合种类的选择，选择的原则是在满足使用要求的前提下，获得最佳的经济效益。

一、配合制的概念及选择

1. 配合制的概念

从第二章第一节介绍的 3 类配合的公差带图可知，通过改变孔、轴公差带的相对位置可以实现各种不同性质的配合。为了设计和制造上的方便，以两个相配合的零件中的一个为基准件，并选定公差带，而改变另一个零件（非基准件）的公差带位置，从而形成各种配合的一种制度，称为配合制。

为了生产上的方便，国家标准规定了两种配合制，即基孔制配合和基轴制配合。

（1）基孔制配合

基本偏差一定的孔的公差带，与不同基本偏差的轴的公差带形成各种配合的一种制度，称为基孔制配合，如图 2-10 所示。

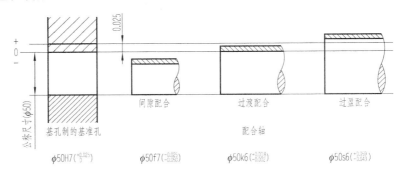

图 2-10　基孔制配合

国家标准规定，基孔制配合的孔称为基准孔，其基本偏差代号为 H，EI＝0，公差带位于零线上方。与基孔制相配合的轴，其基本偏差代号 a～h 用于间隙配合，j～zc 用于过渡配合和过盈配合。

（2）基轴制配合

基本偏差一定的轴的公差带，与不同基本偏差的孔的公差带形成各种配合的一种制度，称为基轴制配合，如图 2-11 所示。

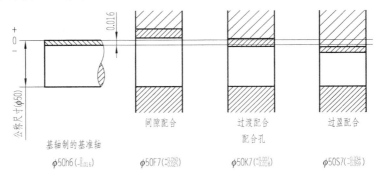

图 2-11　基轴制配合

国家标准规定，基轴制配合的轴称为基准轴，其基本偏差代号为 h，es＝0。与基轴制相配合的孔，其基本偏差代号 A～H 用于间隙配合，J～ZC 用于过渡配合和过盈配合。

2. 配合制的选择

基孔制和基轴制都能满足同样的配合要求，因此配合制的选择与使用要求无关。在进行配合制选择时，主要从零件的结构、工艺性和经济性等几个方面综合考虑。配合制的选择原则（GB/T 1800.1—2009）如下。

（1）一般情况下，应优先选用基孔制

因为孔通常使用定值刀具加工，使用定值量具检查，每一种定值刀具和量具只能加工和检验特定尺寸的孔；轴通常使用通用刀具加工，使用通用量具检验，一种刀具可以加工和检验不同尺寸的轴，所以采用基孔制可以减少定值刀具和量具的数量，既经济又合理。

（2）在某些情况下必须采用基轴制

当同一尺寸的轴段要与多个不同要求的孔相配合时，宜采用基轴制。例如，采用冷拔圆棒料制作精度要求不高的轴，由于这种棒料外圆的尺寸、形状相当准确，表面光洁，因此外圆不需加工就能满足要求，这时采用基轴制在技术上和经济上都是合理的。

（3）根据标准件选择基准制

若与标准件（零件或部件）配合，应以标准件为基准件来确定采用哪种基准制。例如，在箱体孔中装配有滚动轴承和轴承端盖，轴与滚动轴承配合时，因滚动轴承是标准件，故滚动轴承内圈与轴的配合采用基孔制，滚动轴承外圈与箱体孔的配合采用基轴制，如滚动轴承内圈与轴的配合采用基孔制，而滚动轴承外圈与孔的配合采用基轴制，如图 2-12 所示。

（4）为了满足配合的特殊要求，允许采用混合配合

非基准制的配合是指相配合的两零件既无基准孔 H，又无基准轴 h 的配合。当一个孔与几个轴配合或一个轴与几个孔配合，其配合要求各不相同时，则有的配合要出现非基准制的配合，如图 2-13 所示的 $\phi 52\dfrac{J7}{f9}$ mm。

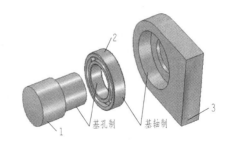

图 2-12　与滚动轴承配合的基准制的选择

1—台阶轴；2—滚动轴承；3—轴承座

在箱体孔中装配有滚动轴承和轴承端盖，由于滚动轴承是标准件，它与箱体孔的配合是基轴制配合，箱体孔的公差带代号为 J7，这时如果端盖与箱体孔的配合也要用基轴制，则配合为 J / h，属于过渡配合。但轴承端盖要经常拆卸，显然这种配合过于紧密，而应选用间隙配合为好，端盖公差带不能用 h，只能选择非基轴制公差带，考虑到端盖的性能要求和加工的经济性，最后选择端盖与箱体孔之间的配合为 J7 / f9。混合配合应用较少。

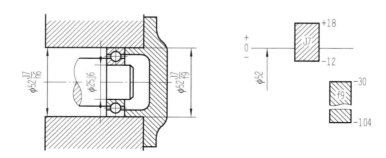

图 2-13　混合配合应用实例

3. 常用和优先配合

20 个标准公差等级和 28 种基本偏差可组成大量的配合，如此庞大的配合数目远远超出了实际生产的需求。为此，国家标准将孔、轴的公差带的选用分为优先、常用和一般用途 3 类。

国家标准在公称尺寸至 500mm 范围内，对基孔制规定了 59 种常用配合，对基轴制规定了 47 种常用配合。这些配合分别由轴、孔的常用公差带和基准孔、基准轴的公差带组合而成。在常用配合中又对基孔制、基轴制各规定了 13 种优先配合，优先配合分别由轴、孔的优先公差带与基准孔和基准轴组合而成。由孔、轴的优先和常用公差带分别组成基孔制和基轴制的优先和常用配合，见表 2-2 和表 2-3。

表 2-2　基孔制的优先和常用配合

基准孔	轴																					
	a	b	c	d	e	f	g	h	js	k	m	n	p	r	s	t	u	v	x	y	z
	间隙配合								过渡配合				过盈配合								
H6						$\frac{H6}{f5}$	$\frac{H6}{g5}$	$\frac{H6}{h5}$	$\frac{H6}{js5}$	$\frac{H6}{k5}$	$\frac{H6}{m5}$	$\frac{H6}{n5}$	$\frac{H6}{p5}$	$\frac{H6}{r5}$	$\frac{H6}{s5}$	$\frac{H6}{t5}$					
H7						$\frac{H7}{f6}$	$\frac{H7}{g6}$	$\frac{H7}{h6}$	$\frac{H7}{js6}$	$\frac{H7}{k6}$	$\frac{H7}{m6}$	$\frac{H7}{n6}$	$\frac{H7}{p6}$	$\frac{H7}{r6}$	$\frac{H7}{s6}$	$\frac{H7}{t6}$	$\frac{H7}{u6}$	$\frac{H7}{v6}$	$\frac{H7}{x6}$	$\frac{H7}{y6}$	$\frac{H7}{z6}$
H8				$\frac{H8}{e7}$	$\frac{H8}{f7}$	$\frac{H8}{g7}$	$\frac{H8}{h7}$	$\frac{H8}{js7}$	$\frac{H8}{k7}$	$\frac{H8}{m7}$	$\frac{H8}{n7}$	$\frac{H8}{p7}$	$\frac{H8}{r7}$	$\frac{H8}{s7}$	$\frac{H8}{t7}$	$\frac{H8}{u7}$					
				$\frac{H8}{d8}$	$\frac{H8}{e8}$	$\frac{H8}{f8}$		$\frac{H8}{h8}$													
H9			$\frac{H9}{c9}$	$\frac{H9}{d9}$	$\frac{H9}{e9}$	$\frac{H9}{f9}$		$\frac{H9}{h9}$													

续表

基准孔	轴																				
	a	b	c	d	e	f	g	h	js	k	m	n	p	r	s	t	u	v	x	y	z
	间隙配合								过渡配合				过盈配合								
H10			H10/c10	H10/d10				H10/h10													
H11	H11/a11	H11/b11	H11/c11	H11/d11				H11/h11													
H12		H12/b12						H6/h12													

注：1. $\dfrac{H6}{n5}$、$\dfrac{H7}{p6}$ 在公称尺寸不大于 3mm，$\dfrac{H8}{r7}$ 在公称尺寸不大于 100mm 时，为过渡配合。

　　2. 标注 ◣ 的配合为优先配合。

表 2-3　基轴制的优先和常用配合

基准轴	孔																				
	A	B	C	D	E	F	G	H	JS	K	M	N	P	R	S	T	U	V	X	Y	Z
	间隙配合								过渡配合				过盈配合								
h5						F6/h5	G6/h5	H6/h5	JS6/h5	K6/h5	M6/h5	N6/h5	P6/h5	R6/h5	S6/h5	T6/h5					
h6						F7/h6	G7/h6	H7/h6	JS7/h6	K7/h6	M7/h6	N7/h6	P7/h6	R7/h6	S7/h6	T7/H6	U7/h6				
H7					E8/h7	F8/h7		H8/h7	JS8/h7	K8/h7	M8/h7	N8/h7									
h8				D8/h8	E8/h8	F8/h8		H8/h8													
h9				D9/h9	E9/h9	F9/H9		H9/h9													
h10				D10/h10				H10/h10													
h11	A11/h11	B11/h11	C11/h11	D11/h11				H11/h11													
h12		B12/h12						H12/h12													

注：标注 ◣ 的配合为优先配合。

二、公差等级的选择

选择公差等级时要正确处理机器零件的使用性能和制造工艺及成本之间的关系。一般来说，公差等级高，使用性能好，但零件加工困难，生产成本高。反之，公差等级低，零件加工容易，生产成本低，但零件的使用性能也较差。因此，选择公差等级时要综合考虑使用性能和经济性能两方面的因素，总的选择原则是，在满足使用要求的条件下，尽量选择低的公差等级。

公差等级的选择，一般情况下采用类比的方法，即参考经过实践证明是合理的典型产品的公差等级，结合待定零件的配合、工艺和结构等特点，经分析对比后确定公差等级。

用类比法选择公差等级时，应掌握各公差等级的应用范围，以便类比选择时有所依据。

表 2-4 列出了各公差等级的大体应用范围，表 2-5 列出了各种加工方法可达到的公差等级，表 2-6 为各公差等级主要应用举例。

表 2-4　公差等级的大体应用范围

应用	公差等级 IT																		
	01	0	1	2	3	4	5	6	7	8	9	10	11	12	13	14	15	16	17	18
量块																			
量规																			
特别精密的配合																			
一般配合																			
非配合尺寸																			
原材料尺寸																			

表 2-5　各种加工方法可达到的公差等级

加工方法	公差等级 IT																		
	01	0	1	2	3	4	5	6	7	8	9	10	11	12	13	14	15	16	17	18
研磨																			
珩磨																			
圆磨																			
平磨																			
金刚石车																			
金刚石镗																			
拉削																			
铰孔																			
车																			
镗																			

续表

加工方法	公差等级 IT																		
	01	0	1	2	3	4	5	6	7	8	9	10	11	12	13	14	15	16	17	18
铣																				
刨、插																				
钻																				
滚压、挤压																				
冲压																				
压铸																				
粉末冶金成形																				
粉末冶金烧结																				
砂型铸造、气割																				
锻造																				

表 2-6 各公差等级主要应用举例

公差等级	主要应用范围
IT01、IT1	一般用于标准量块。IT1 级用于检验 IT6 级轴用量规的校对量规公差
IT2	用于高精密测量工具，特别重要的精密配合。例如，检验 IT6、IT7 级零件用量规的制造公差，校对检验 IT8～IT11 级的轴用量规的校对塞规公差
IT3～IT5	用于精密要求很高的重要配合，如精密机床主轴与精密滚动轴承的配合，发动机活塞销与连杆孔、活塞销孔的配合。 特点：配合公差很小，对加工要求高，是应用较少的公差等级
轴 IT6、孔 IT7	用于机床、发动机和仪表中的重要配合，如机床传动机构中的齿轮与轴承的配合。 特点：配合公差较小，是一般精密加工可以实现的公差等级，在精密机械中广泛使用
IT7、IT8	用于机床、发动机中的次要配合，也用于重型机械、农业机械、纺织机械、机车车辆等的重要配合，如机床上操纵杆的支承配合、发动机中活塞环与活塞环槽的配合。 特点：配合公差中等，加工易于实现，在一般机械中应用广泛
IT9、IT10	用于一般要求或长度精度要求较高的配合、某些非配合尺寸的特殊要求，如机床上的轴套与轴、操纵轴与孔等的配合。 特点：配合公差大，一般加工方法都能够保证，广泛用于非重要的配合处
IT11、IT12	用于不重要的配合处的尺寸公差，多用于没有严格要求连接的配合，如螺栓和螺孔、铆钉和孔的配合等
IT12～IT18	用于未注公差的尺寸和加工的工序尺寸公差，如手柄的直径、壳体的外形、壁厚尺寸及端面之间的距离等

三、配合种类的选择

一般情况下采用类比法选择配合种类，即与经过生产和使用验证后的某种配合进行比较，然后确定其配合种类。

采用类比法选择配合时，首先应了解该配合部位在机器中的作用、使用要求及工作条件，还应掌握国家标准中各种基本偏差的特点，了解各种常用和优先配合的特征及应用场合，熟悉一些典型的配合实例。

采用类比法选择配合的步骤如下：

1）根据使用要求确定配合的类别，即确定是间隙配合、过盈配合，还是过渡配合。

2）确定了类别后，再进一步类比确定选用哪一种配合。

3）当实际工作条件与典型配合的应用场合有所不同时，应对配合的松紧做适当的调整。

▌ 阅读材料

根据图样上的配合代号判断配合类型及配合制

有以下配合代号，不用查表，如何判断其配合性质及配合制？

$\phi 18 \dfrac{H9}{f9} mm$，$\phi 40 \dfrac{H5}{h4} mm$，$\phi 120 \dfrac{JS8}{h7} mm$，$\phi 35 \dfrac{P7}{t6} mm$。

一、配合制的判断方法

1）在配合代号中，若只有"H"，则为基孔制，如 $\phi 18 \dfrac{H9}{f9} mm$。

2）在配合代号中，若只有"h"，则为基轴制，如 $\phi 120 \dfrac{JS8}{h7} mm$。

3）在配合代号中，若既有"H"又有"h"，则为基孔（基轴）制，如 $\phi 40 \dfrac{H5}{h4} mm$。

4）在配合代号中，若没有"H"和"h"，则为混合配合，如 $\phi 35 \dfrac{P7}{t6} mm$。

二、配合性质的判断方法

1）采用基孔制配合的轴，其基本偏差代号 a～h 用于间隙配合，j～zc 用于过渡配合和过盈配合。

2）采用基轴制配合的孔，其基本偏差代号 A～H 用于间隙配合，J～ZC 用于过渡配合和过盈配合。

例如，$\phi 18 \dfrac{H9}{f9} mm$、$\phi 40 \dfrac{H5}{h4} mm$ 为间隙配合，$\phi 120 \dfrac{JS8}{h7} mm$ 为过渡配合，$\phi 35 \dfrac{P7}{t6} mm$ 为过盈配合。

思考与练习

一、填空题

1. 国家标准对孔与轴公差带之间的相互关系规定了两种基准制，即_____和_____。
2. 基孔制配合中的孔称为_____，其基本偏差为_____偏差，代号为_____，数值为_____，其公差带在零线_____。

二、判断题

1. 基孔制是将孔的公差带位置固定，而通过改变轴的公差带位置得到各种配合的一种制度。　　　　　　　　　　　　　　　　　　　　（　　）
2. 基轴制是轴的精度一定，通过改变孔的精度得到各种配合的一种制度。　　　　　　　　　　　　　　　　　　　　　　　　　　（　　）
3. 由于基准孔是基孔制配合中的基准件，基准轴是基轴制配合中的基准件，因此基准孔和基准轴不能组成配合。　　　　　　　　　　　　（　　）
4. 基孔制或基轴制间隙配合中，孔的公差带一定在零线以上，轴的公差带一定在零线以下。　　　　　　　　　　　　　　　　　　　（　　）
5. 基本偏差为 a～h 的轴与基准孔必定构成间隙配合。　　　　（　　）

三、简答题

判断以下配合代号的配合性质及配合制。

$\dfrac{H6}{f5}$ mm，$\dfrac{H8}{s7}$ mm，$\dfrac{F8}{h7}$ mm，$\dfrac{JS8}{H7}$ mm。

第三章

螺纹配合及检测

知识目标

1. 了解螺纹的分类及各种类型螺纹的主要用途。
2. 了解检测普通螺纹的基本方法。
3. 了解检测普通螺纹常用量具的使用方法。

能力目标

1. 能熟练识别普通螺纹的标记。
2. 能用工作量规对外螺纹进行检测。
3. 知道用三针量法检测螺纹中径的方法。

在机械产品中，螺纹联接应用十分广泛，主要用于紧固联接、密封、传递动力和运动等场合。螺纹的互换程度很高，其几何参数较多，国家标准对螺纹的牙型、公差与配合等做了规定，以保证其几何精度。

　　目前，螺纹联接的国家标准主要有以下几种。

　　1)《普通螺纹　基本牙型》(GB/T 192—2003)。

　　2)《普通螺纹　直径与螺距系列》(GB/T 193—2003)。

　　3)《普通螺纹　基本尺寸》(GB/T 196—2003)。

　　4)《普通螺纹　公差》(GB/T 197—2003)。

　　5)《普通螺纹　优选系列》(GB/T 9144—2003)。

　　6)《普通螺纹　极限偏差》(GB/T 2516—2003)。

　　7)《普通螺纹　中等精度、优选系列的极限尺寸》(GB/T 9145—2003)。

　　8)《普通螺纹　粗糙精度、优选系列的极限尺寸》(GB/T 9146—2003)。

第一节　认识螺纹在图样中的标记

一、普通螺纹的分类、基本牙型及参数

1. 螺纹的分类及使用要求

　　螺纹结合在机电产品中应用极广，是一种典型的具有互换性特征的联接结构。螺纹按其结构特点和用途可分为3类。

　　(1) 普通螺纹

　　普通螺纹通常也称紧固螺纹，用于联接和紧固各种机械零件，其主要使用要求是具有良好的可旋合性和可靠的联接强度。

　　(2) 传动螺纹

　　传动螺纹用于传递精确位移或动力。对于传递位移的螺纹，主要要求传动比恒定；对于传递动力的螺纹，则要求具有足够的强度。各种传动螺纹都要求具有一定的间隙，以便储存润滑油。

　　(3) 密封螺纹

　　密封螺纹又称紧密螺纹，主要用于机械设备中气体或液体的密封联接，其主要使用要求是具有良好的密封性，使螺纹联接后在一定的压力下，管道内的流体 (或气体) 不从螺牙间流出，即达到不泄漏的效果。

2. 普通螺纹的基本牙型和主要几何参数

普通螺纹的基本牙型是将原始三角形（两个底边联接且平行于螺纹轴线的等边三角形，其高用 H 表示）的顶部截去 $5H/8$、底部截去 $H/4$ 所形成的理论牙型，如图 3-1 所示。其直径参数中大写字母表示内螺纹参数，小写字母表示外螺纹参数。

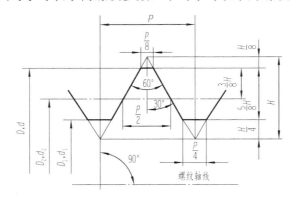

图 3-1 普通螺纹的主要几何参数

（1）大径 D，d

大径是与外螺纹或与内螺纹牙底相重合的假想圆柱面的直径。对于外螺纹而言，大径为顶径，用 d 表示；对于内螺纹而言，大径为底径，用 D 表示。对于相结合的普通螺纹，内、外螺纹的公称直径应相等，即 $D = d$。普通螺纹公称尺寸见表 3-1。

表 3-1 普通螺纹公称尺寸（摘自 GB/T 196—2003）

单位：mm

公称直径 D、d			螺距 P	中径 D_2 或 d_2	小径 D_1 或 d_1
第一系列	第二系列	第三系列			
10			1.5	9.026	8.376
			1.25	9.188	8.647
			1	9.350	8.917
			0.75	9.513	9.188
			0.5	9.675	9.459
12			1.75	10.863	10.106
			1.5	11.026	10.376
			1.25	11.188	10.647
			1	11.350	10.917
	14		2	12.701	11.835
			1.5	13.026	12.376
			1	13.350	12.917

续表

公称直径 D、d			螺距 P	中径 D_2 或 d_2	小径 D_1 或 d_1
第一系列	第二系列	第三系列			
16			2	14.701	13.835
			1.5	15.026	14.376
			1	15.350	14.917
20			2.5	18.376	17.294
			2	18.701	17.835
			1.5	19.026	18.376
			1	19.350	18.917
24			3	22.051	20.752
			2	22.701	21.835
			1.5	23.026	22.376
			1	23.350	22.917
		25	2	23.701	22.835
			1.5	24.026	23.376

（2）小径 D_1、d_1

小径是与外螺纹牙底或与内螺纹牙顶相重合的假想圆柱的直径。

（3）中径 D_2、d_2

中径是指通过螺纹牙型上沟槽宽度与凸起宽度相等的一个假想圆柱的直径。实际螺纹的中径称为实际中径，用 D_{2a}（或 d_{2a}）表示。

（4）单一中径 D_{2s}、d_{2s}

单一中径是指螺纹牙型上沟槽宽度等于 1/2 基本螺距的假想圆柱面的直径，如图 3-2 所示。为了测量方便，实际工作中常用单一中径 D_{2s} 和 d_{2s} 作为实际中径。

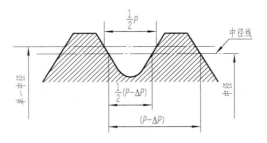

图 3-2　单一中径

（5）作用中径 D_{2m}、d_{2m}

螺纹的作用中径是指在规定的旋合长度内，与实际外（内）螺纹外（内）接的最小（最大）的理想内（外）螺纹的中径，如图 3-3 所示。

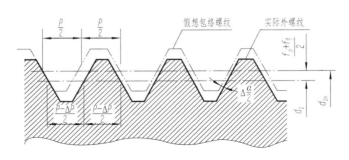

图 3-3　外螺纹的作用中径

（6）螺距 P

螺距为相邻两牙在中径线上对应两点间的轴向距离，又称为基本螺距。

（7）导程 Ph

导程是同一螺纹线上相邻两牙在中径线上对应两点间的轴向距离。对于单线螺纹，导程等于螺距；对于多线螺纹，导程等于螺距与线数 n 的乘积，即 $Ph=n×P$。

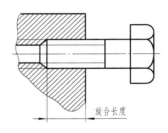

图 3-4　螺纹的旋合长度

（8）牙型角 α 和牙型半角 $\alpha/2$

牙型角是指在通过螺纹轴线剖面内的螺纹牙型上，相邻两牙侧间的夹角。普通螺纹的牙型角 $\alpha=60°$。在螺纹牙型上，牙侧与螺纹轴线的垂线的夹角称为牙型半角，普通螺纹牙型半角的公称值等于 $30°$。

（9）螺纹旋合长度

螺纹旋合长度指两个相互结合的螺纹，沿螺纹轴线方向相互旋合部分的长度，如图 3-4 所示。

二、普通螺纹标记的识读

1. 单个螺纹的标记

螺纹的完整标记由螺纹特征代号、尺寸代号、公差带代号及其他有必要做进一步说明的个别信息组成，如图 3-5 所示。

（1）单线螺纹的尺寸代号

单线螺纹的尺寸代号为"公称直径×螺距"，对于粗牙螺纹，可以省略标注螺距，其标注示例如下。

M10×1：表示公称直径为 10mm，螺距为 1mm 的细牙螺纹。

M10：表示公称直径为 10mm 的粗牙螺纹（省略其粗牙螺距）。

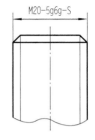

图 3-5　单个螺纹的标记

特别提示

1）螺纹特征代号用大写字母 M 表示，该字母代表米制一般用途普通螺纹。

2）螺纹特征代号中的尺寸单位全部为 mm。

（2）多线螺纹的尺寸代号

多线螺纹的尺寸代号为"公称直径×Ph 导程 P 螺距"。如果要进一步表明螺纹的线数，可在后面增加括号用英语说明（如双线为 two starts；三线为 three starts；四线为 four starts）。其标记示例如下。

M36×Ph4P2（two starts）：表示公称直径为 36mm，导程为 4mm，螺距为 2mm 的双线螺纹。

（3）公差带代号

公差带代号由中径公差带代号和顶径公差带代号两部分组成。中径公差带代号在前，顶径公差带代号在后。若两者相同，则只标记一组代号，写在尺寸代号的后面，用"–"分开。

各直径的公差带代号由表示公差等级的数值和表示公差带位置的字母组成。内螺纹用大写字母，外螺纹用小写字母。其标注示例如下。

M12×1–5h4h：表示中径公差带为 5h，顶径公差带为 4h 的细牙外螺纹。

M10–6H：表示中径公差带和顶径公差带均为 6H 的粗牙内螺纹。

（4）旋合长度

对于短旋合长度或长旋合长度的螺纹，宜在公差带代号之后加注旋合长度代号"S"或"L"，用"–"与公差带代号分开，中等旋合长度的螺纹不标注旋合长度代号。其标注示例如下。

M10×1–5H–S：表示短旋合长度的内螺纹。

M5–7h6h–L：表示长旋合长度的外螺纹。

（5）旋向代号

对于左旋螺纹，应在旋合长度之后标注"LH"代号，用"–"与旋合长度代号分开。右旋螺纹不标注旋向代号，其示例如下。

M12×1–6h–LH：表示中等长度的左旋螺纹。

课堂练习

解释螺纹标记 M20×2–7g6g–S–LH 的含义。

2. 螺纹配合在图样上的标注

表示内、外螺纹配合时，内螺纹公差带代号在前，外螺纹公差带代号在后，中间用一斜线分开，其示例如下。

M20×2‑6H/6g：表示公差带为6H的内螺纹与公差带为6g的外螺纹组成配合。

思考与练习

简答题

1．螺纹根据结构特点和用途可以分为哪几类？
2．普通螺纹的公称直径是指哪一个直径？内、外螺纹的顶径分别为哪一个直径？
3．什么是螺距？什么是导程？二者之间存在什么关系？
4．解释螺纹标记的含义。
（1）M24×2‑5H6H‑L。
（2）M20×2‑6H/5g6g‑LH。
（3）M24×2‑7H。
（4）M30‑6H。

第二节　螺纹公差带及选用

国家标准《普通螺纹　公差》（GB/T 197—2003）中，对普通螺纹规定了供选用的螺纹公差、螺纹配合、旋合长度及精度等级。

一、螺纹公差带的结构

普通螺纹的公差带由基本偏差决定其位置，由公差等级决定其大小。

1．公差带的形状和位置

螺纹公差带以基本牙型为零线，沿着螺纹牙型的牙侧、牙顶和牙底布置，在垂直于螺纹轴线的方向上计量。普通螺纹规定了中径和顶径的公差带，对外螺纹的小径规定了最大极限尺寸，对内螺纹的大径规定了最小极限尺寸，如图 3-6 所示。图中 ES、EI 分别是内螺纹的上、下偏差，es、ei 分别是外螺纹的上、下偏差，T_{D2}、T_{d2} 分别为内、外螺纹的中径公差。内螺纹的公差带位于零线上方，小径 D_1 和中径 D_2 的基本偏差相同，为下偏差 EI；外螺纹的公差带位于零线下方，大径 d 和中径 d_2 的基本偏差相同，为上偏差 es。

国家标准 GB/T 197—2003 对内、外螺纹规定了基本偏差，用以确定内、外螺纹公差带相对于基本牙型的位置。对于外螺纹规定了 4 种基本偏差，其代号分别为 h、g、f、e；对于内螺纹规定了 2 种基本偏差，其代号分别为 H、G，如图 3-7 所示。

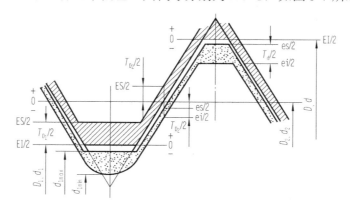

图 3-6　普通螺纹的公差带

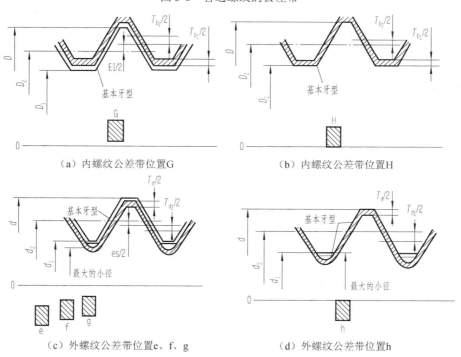

（a）内螺纹公差带位置 G　　　　　（b）内螺纹公差带位置 H

（c）外螺纹公差带位置 e、f、g　　　（d）外螺纹公差带位置 h

图 3-7　内、外螺纹的公差带位置

内、外螺纹的基本偏差值见表 3-2。

表 3-2　内、外螺纹的部分基本偏差值（GB/ T 197—2003）

单位：μm

螺距 P/mm	内螺纹 D_2、D_1		外螺纹 d_1、d_2			
	G	H	e	f	g	h
	EI		es			
0.75	+22	0	−56	-38	−22	0
0.8	+24	0	−60	-38	−24	0
1	+26	0	−60	-40	−26	0
1.25	+28	0	−63	-42	−28	0
1.5	+32	0	−67	-45	−32	0
1.75	+34	0	−71	-48	−34	0
2	+38	0	−71	-52	−38	0
2.5	+42	0	−80	-58	−42	0
3	+48	0	−85	-63	−48	0

课堂练习

确定 M16×2-6g、M16×1.5-7H 的基本偏差。

2. 公差带的大小和公差等级

普通螺纹公差带的大小由公差等级决定。内、外螺纹中径、顶径公差等级见表 3-3，其中 6 级为基本级。各公差值分别见表 3-4 和表 3-5。由于内螺纹加工困难，因此在公差等级和螺距值都相等的情况下，内螺纹的公差值比外螺纹的公差值大约大 32%。

表 3-3　内、外螺纹中径、顶径公差等级

螺纹	螺纹直径	公差等级
内螺纹	中径 D_2	4、5、6、7、8
	顶径（小径）D_1	
外螺纹	中径 d_2	3、4、5、6、7、8、9
	顶径（小径）d_1	4、6、8

表 3-4　内、外螺纹部分中径公差（GB/T 197—2003）

单位：μm

公称直径 D/mm		螺距 P/mm	内螺纹中径公差 T_{D_2}				外螺纹中径公差 T_{d_2}			
>	≤		公差等级							
			5	6	7	8	5	6	7	8
5.6	11.2	0.75	106	132	170	—	80	100	125	—
		1	118	150	190	236	90	112	140	180
		1.25	125	160	200	250	95	118	150	190
		1.5	140	180	224	280	106	132	170	212

续表

公称直径 D/mm		螺距 P/mm	内螺纹中径公差 T_{D_2}				外螺纹中径公差 T_{d_2}			
>	≤		公差等级							
			5	6	7	8	5	6	7	8
11.2	22.4	0.75	112	140	180	—	85	106	132	—
		1	125	160	200	250	95	118	150	190
		1.25	140	180	224	280	106	132	170	212
		1.5	150	190	236	300	112	140	180	224
		1.75	160	200	250	315	118	150	190	236
		2	170	212	265	335	125	160	200	250
		2.5	180	224	280	355	132	170	212	265
22.4	45	1	132	170	212	—	100	125	160	200
		1.5	160	200	250	315	118	150	190	236
		2	180	224	280	355	132	170	212	265
		3	212	265	335	425	160	200	250	315

表3-5　内、外螺纹顶径公差（GB/T 197—2003）

单位：μm

公差项目	内螺纹顶径（小径）公差 T_{D_1}				外螺纹顶径（大径）公差 T_{d_1}		
	公差等级				公差等级		
螺距 P/mm	5	6	7	8	4	6	8
0.75	150	190	236	—	90	140	—
0.8	160	200	250	315	95	150	236
1	190	236	300	375	112	180	280
1.25	212	265	335	425	132	212	335
1.5	236	300	375	475	150	236	375
1.75	265	335	425	530	170	265	425
2	300	375	475	600	180	280	450
2.5	355	450	560	710	212	335	530
3	400	500	630	800	236	375	600

二、螺纹公差带与旋合长度

螺纹精度由螺纹公差带和旋合长度构成。螺纹旋合长度越长，螺距累积误差越大，对螺纹旋合性的影响越大。螺纹的旋合长度分短旋合长度（以 S 表示）、中等旋合长度（以 N 表示）、长旋合长度（以 L 表示）3 种，部分旋合长度见表3-6。一般优先采用中等旋合长度。中等旋合长度是螺纹公称直径的 0.5～1.5 倍。公差等级相同的螺纹，若旋合长度不同，则可分属不同的精度等级。

国家标准将螺纹精度分为精密、中等和粗糙 3 个级别。精密级用于精密螺纹和要求配合性质稳定、配合间隙较小的联接；中等级用于中等精度和一般用途的螺纹联接；粗糙级用于精度要求不高或难以制造的螺纹。

表 3-6 螺纹的部分旋合长度

单位：mm

公称直径 D、d		螺距 P	旋合长度					
>	≤		S		N		L	
			≤	>		≤	>	
11.2	22.4	0.5	1.8	1.8		5.4	5.4	
		0.75	2.7	2.7		8.1	8.1	
		1	3.8	3.8		11	11	
		1.25	4.5	4.5		13	13	
		1.5	5.6	5.6		16	16	
		1.75	6	6		18	18	
		2	8	8		24	24	
		2.5	10	10		30	30	
22.4	45	1	4	4		12	12	
		1.5	6.3	6.3		19	19	
		2	8.5	8.5		25	25	
		3	12	12		36	36	
		3.5	15	15		45	45	
		4	18	18		53	53	
		4.5	21	21		63	63	

三、普通螺纹的公差带和配合选用

1. 螺纹公差带的选用

螺纹的公差等级和基本偏差相组合可以生成许多公差带，考虑定值刀具和量具规格增多会造成经济和管理上的困难，同时有些公差带在实际使用中效果不好，因此，国家标准对内、外螺纹公差带进行了筛选，选用公差带时可参考表 3-7 和表 3-8。除非特别需要，一般不选用表外的公差带。

表 3-7 内螺纹的推荐公差带

公差精度	公差带位置 G			公差带位置 H		
	S	N	L	S	N	L
精密	—	—	—	4H	5H	6H
中等	（5G）	**6G**	（7G）	**5H**	**6H**	**7H**
粗糙	—	（7G）	（8G）	—	7H	8H

表 3-8　外螺纹的推荐公差带

公差精度	公差带位置 e			公差带位置 f			公差带位置 g			公差带位置 h		
	S	N	L	S	N	L	S	N	L	S	N	L
精密	—	—	—	—	—	—	—	(4g)	(5g4g)	(3h4h)	**4h**	(5h4h)
中等	—	**6e**	(7e6e)	—	**6f**	—	(5g6g)	**6g**	(7g6g)	(5h6h)	6h	(7h6h)
粗糙	—	(8e)	(9e8e)	—	—	—	—	8g	(9g8g)	—	—	—

注：推荐公差带的优先选择顺序：粗字体公差带、一般字体公差带、括号内公差带。带方框的粗字体公差带用于大量生产的紧固件螺纹。

螺纹公差带代号由公差等级和基本偏差代号组成，公差等级在前，基本偏差代号在后。外螺纹基本偏差代号为小写字母，内螺纹基本偏差代号为大写字母。表 3-8 中有些螺纹公差带是由两个公差带代号组成的，其中前面的公差带代号为中径公差带，后面的公差带代号为顶径公差带。当顶径与中径公差带相同时，合写为一个公差带代号。

2．配合的选用

内、外螺纹的选用公差带可以任意组成各种配合。国家标准要求完工后的螺纹最好是 H/g、H/h 或 G/h 的配合。为了保证螺纹旋合后有良好的同轴度和足够的联接强度，可选用 H/h 配合。若要装拆方便，一般选用 H/g 配合。对于需要涂镀保护层的螺纹，根据涂镀层的厚度选用配合，镀层厚度为 5μm 左右，选用 6H/6g；镀层厚度为 10μm 左右，选用 6H/6f；若内、外螺纹均涂镀，可选用 6G/6e。

思考与练习

一、判断题

1．内、外螺纹的基本偏差数值除 H 和 h 外，其余基本偏差数值均与螺距有关，而与公称直径无关。　　　　　　　　　　　　　　　　　　　　　（　　）

2．内螺纹的公差带均在基本牙型零线以下。　　　　　　　　　　（　　）

3．螺纹结合的精度不仅与螺纹公差带的大小有关，而且与螺纹的旋合长度有关。
　　　　　　　　　　　　　　　　　　　　　　　　　　　　　　（　　）

4．螺纹公差带代号与孔、轴公差带代号相同，同样由公差等级数字和基本偏差组成，它们的标记方法也一样。　　　　　　　　　　　　　　　　　　（　　）

二、简答题

普通螺纹的公差带有何特点？

第三节　螺　纹　检　测

螺纹的检测方法有两种，即单项测量和综合检验。

一、单项测量

单项测量是指用量具或量仪测量螺纹每个参数的实际值，对各项误差进行分析，找出产生原因，从而指导生产。单项测量主要用于测量精密螺纹、螺纹量规、螺纹刀具等，在分析与调整螺纹加工工艺时，也采用单项测量。单项测量用的测量器具可分为两类：专用量具（如螺纹千分尺），通常只测量螺纹中径这个参数；通用量仪（如工具显微镜），可分别测量螺纹的各个参数。

1. 用螺纹样板检验螺纹螺距和牙型角

螺纹样板是一种带有不同螺距的基本牙型的薄片，可以用比较法检验螺纹的螺距和牙型，其形状如图 3-8 所示。常用的螺纹样板有普通螺纹样板和寸制螺纹样板两种，其结构基本相同，只是普通螺纹样板的牙型角为 60°，寸制螺纹样板的牙型角为 55°。螺纹样板一般成套供应，每套螺纹样板由许多不同螺距的钢片组成，每片样板上都刻有相应的螺距（普通螺纹样板）或每英寸牙数（寸制螺纹样板）。用螺纹样板检测螺距和牙型角的示意图如图 3-9 所示。

图 3-8　螺纹样板

图 3-9　用螺纹样板检测螺距和牙型角的示意图

2. 用螺纹千分尺测量中径

测量外螺纹中径时，可以使用带插入式测量头的螺纹千分尺测量。它的构造与外径千分尺相似，差别在于两个测量头的形状。螺纹千分尺的测量头做成与螺纹牙型相吻合的形状，即一个为V形测头，与螺纹牙型凸起部分相吻合；另一个为圆锥形测头，与螺纹牙型沟槽相吻合，如图 3-10 所示。

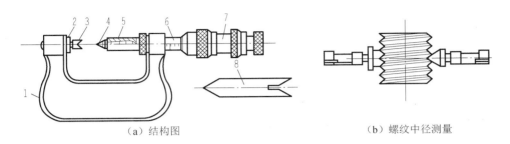

（a）结构图　　　　　　　　　　（b）螺纹中径测量

图 3-10　螺纹千分尺

1—尺架；2—架砧；3—V 形测头；4—圆锥形测头；5—测微螺杆；

6—内套筒；7—外套筒；8—校对量杆

　　螺纹千分尺有可换测头，每对测头只能用来测量一定螺距范围的螺纹。螺纹千分尺有 0～25mm 至 325～350mm 等数种规格。

　　用螺纹千分尺测量外螺纹中径时，读得的数值是螺纹中径的实际尺寸，它不包括螺距误差和牙型半角误差在中径上的当量值。但是螺纹千分尺的测头是根据牙型角和螺距的标准尺寸制造的，当被测量的外螺纹存在螺距和牙型半角误差时，测头与被测量的外螺纹不能很好地吻合，测出的螺纹中径的实际尺寸误差相当显著，一般为 0.05～0.20mm。因此，螺纹千分尺只能用于工序间测量或者对粗糙级螺纹零件的测量，而不能用来测量螺纹切削工具和螺纹量具。

3. 用三针量法测量螺纹中径

　　三针量法具有精度高、测量简便的特点，可用来测量精密螺纹和螺纹量规。三针量法是一种间接量法。如图 3-11 所示，用 3 根直径相等的量针分别放在螺纹两边的牙槽中，用接触式量仪测出针距尺寸 M。

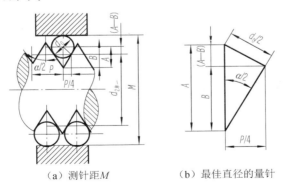

（a）测针距 M　　　　　　（b）最佳直径的量针

图 3-11　三针量法测量螺纹中径

当螺纹升角不大（不大于 3°）时，根据已知螺距 P、牙型半角 $\alpha/2$ 及量针直径 d_0，可用下面的公式计算螺纹的单一中径：

$$d_{2单一}=M-3d_0+0.866P$$

三针量法的测量精度比目前常用的其他方法的测量精度要高，且在生产条件下，应用也较方便，是目前应用最广的一种测量方法。

二、综合检验

螺纹的检验除了前述的单项测量外，还可以使用螺纹量规综合检验，螺纹量规分为检测外螺纹用的螺纹环规和检测内螺纹用的螺纹塞规。

1. 用螺纹环规检测外螺纹

螺纹环规是用来综合检验外螺纹的量规，包括通规和止规，如图 3-12 所示。通规的长度等于被检测螺纹的旋合长度，止规上只做几个牙。

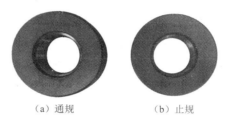

（a）通规　　　　（b）止规

图 3-12　螺纹环规

用螺纹环规的通规检测外螺纹的方法如图 3-13 所示，合格的外螺纹在旋合长度内应顺利旋合；用螺纹环规的止规检测外螺纹的方法如图 3-14 所示，合格的外螺纹在用止规检测时仅能旋进 2～3 牙。

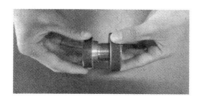

图 3-13　用螺纹环规的通规检测外螺纹

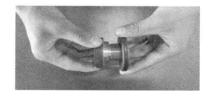

图 3-14　用螺纹环规的止规检测外螺纹

2. 用螺纹塞规检测内螺纹

螺纹塞规是检测内螺纹用的量规，包括通规和止规，如图 3-15 所示。螺纹塞规用

来对内螺纹进行综合检验，其通规具有完整的牙型，长度等于被检测螺纹的旋合长度；其止规做成截短型牙型，且牙扣只做几个牙。

图 3-15　螺纹塞规

用螺纹塞规的通规检测内螺纹的方法如图 3-16 所示，用螺纹塞规的止规检验内螺纹的方法如图 3-17 所示。检测时，如果在旋合长度内，螺纹塞规的通规能顺利旋合，螺纹塞规的止规仅能旋进 2～3 牙，但不能通过，则螺纹合格。

图 3-16　用螺纹塞规的通规检测内螺纹　　图 3-17　用螺纹塞规的止规检测内螺纹

为了避免检验与验收时发生争议，制造者和检验者或验收者应使用同一合格的量规。若使用同一合格的量规有困难，操作者宜使用新的（或磨损较少的）通端螺纹量规和磨损较多的（或接近磨损极限的）止端螺纹量规；检验者或验收者宜使用磨损较多的（或接近磨损极限的）通端螺纹量规和新的（或磨损较少的）止端螺纹量规。当检验中发生争议时，若判定该零件内螺纹或零件外螺纹为合格的螺纹量规，经检定符合《普通螺纹量规技术条件》（GB/T 3934—2003）要求时，则该零件内螺纹或外螺纹应按合格处理。

思考与练习

简答题

1. 螺纹的检测方法分哪两大类?各有什么特点?
2. 螺纹塞规和螺纹环规的通端和止端的牙型和长度有什么不同?
3. 简述用螺纹工作量规检验内、外螺纹及判定其合格性的过程。
4. 用螺纹量规检验螺纹，已知被检螺纹的顶径是合格的，检验时螺纹量规通端未通过被检螺纹，而止规却通过了。试分析被检螺纹实际存在的误差。

第四章

几何公差的认识

知识目标

1. 掌握几何公差的项目及符号。
2. 掌握几何公差带的形状。
3. 了解几何公差的标注方法。

能力目标

1. 能根据要求写出几何公差的符号。
2. 能掌握几何公差形状和应用项目之间的关系。
3. 能看懂几何公差的标注含义，并能进行简单的标注。

在机械制造中，由于机床精度、零件的装夹精度和加工过程中的变形等多种因素的影响，加工后的零件不仅会产生尺寸误差，还会产生几何误差，即零件表面、中心线等的实际形状和位置偏离设计所要求的理想形状和位置，从而产生误差。

如图 4-1 所示，零件加工后的实际形状出现了误差，该误差称为几何误差。形状公差是指实际形状对理想形状的允许变动量；位置公差是指实际位置对理想位置的允许变动量，两者简称几何公差。

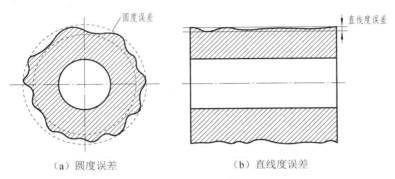

（a）圆度误差　　　　　　（b）直线度误差

图 4-1　几何误差示例图

第一节　认识几何公差的项目及符号

零件的几何误差直接影响机械产品的工作精度、连接强度、运动平稳性、密封性、耐磨性、使用寿命和可装配性，主要表现在以下几个方面。

1. 影响零件的配合性质

例如，圆柱表面产生形状误差，会影响轴在装配时的配合均匀性，在有相对运动的间隙配合中，会使间隙大小沿结合面长度方向分布不均匀，造成局部磨损加剧，从而降低运动精度和零件的寿命；在过盈配合中，会使结合面各处的过盈量大小不一，影响零件的连接强度。

2. 影响零件的功能要求

例如，机床导轨产生直线度误差，会影响运动部件的运动精度；键槽的对称度误差，会使键安装困难并且安装后受力状况恶化；变速器中两轴承的孔产生平行度误差，会使相互啮合的两齿轮的齿面接触不良，降低承载能力。

3. 影响零件的可装配性

例如，在孔与轴的结合中，轴的几何误差会使孔轴无法装配。

由此可见，几何误差影响零件的使用性能，进而会影响机器的质量，必须采用相应的公差进行限制。

一、几何公差特征项目及符号

零件加工过程中，不仅会产生尺寸误差，还会产生几何误差。按图4-2（a）所示尺寸加工小轴，加工后发现其轴线弯曲了，如图 4-2 （b）所示，这种形状上的不准确，属于形状误差。又如图4-3所示，箱体上两个安装锥齿轮轴的孔，加工后如果两孔的轴线垂直相交的精度不够，就会影响两锥齿轮的啮合传动，这属于位置误差。因此，对于重要的零件，除了控制其表面粗糙度和尺寸误差外，有时还要对其形状误差和位置误差加以限制，给出经济、合理的误差允许值。几何公差在图样上的注法应按照《产品几何技术规范（GPS）几何公差　形状、方向、位置和跳动公差标注》（GB/T 1182—2008）中的规定。

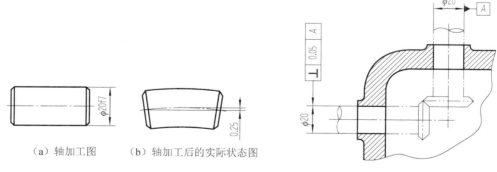

（a）轴加工图　　（b）轴加工后的实际状态图

图4-2　形状误差示例

图4-3　位置误差示例

几何公差是指实际要素对图样上给定的理想形状、理想方位的允许变动量，包括形状公差、方向公差、位置公差和跳动公差。几何公差各项目的名称和符号见表4-1。

表4-1　几何公差各项目的名称及符号

公差类型	几何特征	符号	有无基准
形状公差	直线度	——	无
	平面度	▱	无

续表

公差类型	几何特征	符号	有无基准
形状公差	圆度	○	无
	圆柱度	⌭	无
	线轮廓度	⌒	无
	面轮廓度	⌓	无
方向公差	平行度	∥	有
	垂直度	⊥	有
	倾斜度	∠	有
	线轮廓度	⌒	有
	面轮廓度	⌓	有
位置公差	位置度	⊕	有或无
	同心度（用于中心点）	◎	有
	同轴度（用于轴线）	◎	有
	对称度	⩵	有
	线轮廓度	⌒	有
	面轮廓度	⌓	有
跳动公差	圆跳动	↗	有
	全跳动	↗↗	有

二、几何公差带

根据使用场合的不同，几何公差带通常有两种含义。一是几何公差是一个数值，零件如果合格，则其几何误差应小于其公差值；二是几何公差是一个以理想要素为边界的平面或空间区域（称为几何公差带），要求实际要素各处均不得超出该区域。若实际要素位于这一区域即合格，超出这一区域则不合格。这个限制实际要素变动的区域称为几何公差带。

图样上给出的几何公差要求，实际上是对实际要素规定的一个允许变动的区域，即给定一个公差带。一个确定的几何公差带由形状、大小、方向和位置4个要素确定。

1. 形状

几何公差带的形状较多，主要有9种，如图4-4所示。

2. 大小

几何公差带的大小有两种情况，即公差带区域的宽度（距离）t 或直径 ϕt（$S\phi t$），它表示几何精度要求的高低。

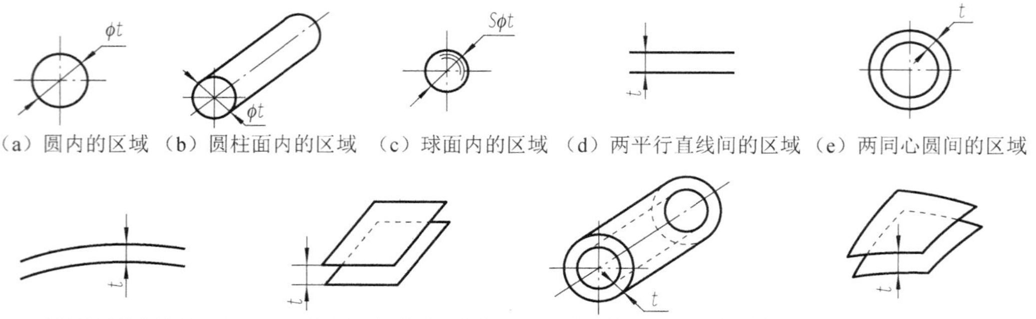

（a）圆内的区域　（b）圆柱面内的区域　（c）球面内的区域　（d）两平行直线间的区域　（e）两同心圆间的区域

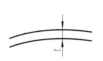 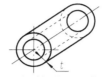

（f）两等距曲线间的区域　（g）两平行平面间的区域　（h）两同轴圆柱面间的区域　（i）两等距曲面间的区域

图 4-4　几何公差带的形状

特别提示

> 图样上没有具体标明几何公差值的要求，并不是没有形状、方向、位置及跳动精度的要求，其与尺寸公差相似，也有一个未注公差的问题，其几何精度要求由未注几何公差来控制。
>
> 标准规定：未注公差值符合工厂的常用精度等级，不需在图样上注出。采用了未注几何公差后可节省设计绘图时间，使图样清晰易读，并突出了零件上几何精度要求较高的部位，便于更合理地安排加工和检验，以更好地保证产品的工艺性和经济性。

3. 方向

几何公差带的方向理论上应与图样上几何公差框格指引线箭头所指的方向垂直。

4. 位置

几何公差带的位置分为浮动和固定。形状公差带只具有大小和形状，其方向和位置是浮动的；方向公差带只具有大小、形状和方向，其位置是浮动的；位置公差和跳动公差带具有大小、形状、方向，其位置是固定的。

思考与练习

一、判断题

1. 在机械制造中，零件的几何误差是不可避免的。　　　　　　　　（　　）
2. 几何公差带的大小是指公差带的宽度、直径或半径差的大小。　（　　）

二、简答题

1．几何公差可以分为哪几类？
2．确定几何公差的要素有哪些？

第二节　认识零件的几何要素

一、几何公差的研究对象

几何公差的研究对象是零件的几何要素。几何要素是零件上的特征部分，即点、线、面。"点"是指圆心、球心、中心点、交点等。"线"是指素线、曲线、轴线、中心线等。"面"是指平面、曲面、圆柱面、圆锥面、球面、中心平面等。这些几何要素是实际存在的，也可以是由实际要素取得的中心线或中心平面，如图4-5所示。

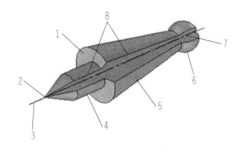

图4-5　零件的几何要素

1—平面；2—点（尖）；3—轴线；4—圆柱面；5—圆锥面；6—球面；7—球心；8—素线

零件的几何误差就是关于零件各个几何要素的自身形状、方向、位置、跳动所产生的误差，几何公差就是对这些几何要素的形状、方向、位置、跳动所提出的精度要求。

二、几何要素的分类

1．按存在状态分

1）理想要素：具有几何意义的、没有任何误差的要素，分为理想轮廓要素和理想中心要素，用来表达设计的理想要求，如图4-6所示。理想圆柱面为理想轮廓要素，理想轴线为理想中心要素。

2）实际要素：零件上实际存在的要素，由无限个点组成，分为实际轮廓要素和实际中心要素。由于加工误差的存在，实际要素具有几何误差。标准规定：零件实际要素在测量时用测得要素来代替，如图4-6所示。

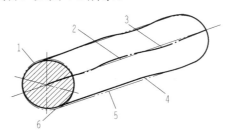

图4-6　理想要素和实际要素

1—实际截面圆；2—理想轴线；3—实际轴线；4—实际圆柱面；5—理想圆柱面；6—理想截面圆

2. 按几何特征分

1）组成要素：构成零件外形的点、线、面。组成要素是可见的，能直接为人们所感觉到，如图4-5中的圆柱面、圆锥面、球面、素线等。

2）导出要素：组成要素的对称中心的点、线、面。导出要素虽不可见，不能为人们所直接感觉到，但可通过相应的组成要素来模拟体现，如图4-5中的轴线、球心。

3. 按在几何公差中所处的地位分

1）被测要素：图样上给出了几何公差的要素。如图4-7所示，ϕd_1圆柱面给出了圆柱度要求，ϕd_2圆柱的轴线对ϕd_1圆柱的轴线给出了同轴度要求，台阶面对ϕd_1圆柱的轴线给出了垂直度要求，因此ϕd_1圆柱面、ϕd_2圆柱面的轴线和台阶面就是被测要素。

2）基准要素：用来确定被测要素的方向或（和）位置的要素。如图4-7所示，ϕd_1圆柱的轴线是ϕd_2圆柱的轴线和台阶面的基准要素。

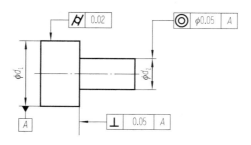

图4-7　被测要素和基准要素

4．按功能关系分

1）单一要素：仅对其本身给出形状公差要求的要素。如图 4-7 所示的 ϕd_1 圆柱面的圆柱度公差。

2）关联要素：对其他要素有功能（方向、位置）要求的要素。如图 4-7 所示的 ϕd_2 圆柱轴线的同轴度公差与 ϕd_1 圆柱的轴线相关联。

思考与练习

一、选择题

1．零件上的被测要素可以是（　　　　）。

    A．理想要素和实际要素　　　　　　　B．理想要素和组成要素

    C．组成要素和导出要素　　　　　　　D．导出要素和理想要素

2．关于基准要素，下列说法错误的是（　　　　）。

    A．确定被测要素的方向或（和）位置的要素为基准要素

    B．基准要素只能是导出要素

    C．图样上标注的基准要素是理想要素

    D．基准要素可以是单个要素，也可以由多个要素组成

二、判断题

1．在机械制造中，零件的几何误差是不可避免的。 　　　　　　（　　　　）

2．由加工形成的在零件上实际存在的要素即被测要素。 　　　　（　　　　）

3．组成要素是构成零件外形、能直接被人们感知的点、线、面，实际要素是零件上实际存在的要素。因此，零件上的组成要素一般为实际要素，而零件上的导出要素一般为理想要素。 　　　　　　　　　　　　　　　　　　　　　　　（　　　　）

第三节　标注几何公差

一、几何公差的代号

几何公差框格由 2～5 格组成。形状公差一般为 2 格，位置公差可为 2～5 格。几何公差框格在零件图样上只能沿水平方向或垂直方向放置，从左到右或者从下到上依次填写。

第1格：几何公差特征项目符号（第一格绘制成正方形，其他格绘制成正方形或矩形，框格高度等于两倍字高），如图4-8（a）所示。

第2格：几何公差值及附加要求。

第3格：基准字母（没有基准的形状公差框格只有前两格）。单一基准由一个字母表示，公共基准采用由横线隔开的2个字母表示，基准体系由2个字母或3个字母表示。

基准符号如图4-8（b）所示，框格内的字母应与公差框格中的基准字母对应。代表基准的字母用大写英文字母表示，为了不引起歧义，E、I、J、M、O、P、L、R、F不予采用，当字母不够用时可加脚注，如 A_1、A_2 等。不论符号在图样中的方向如何，框格内的字母均应水平书写。

几何公差代号包括几何公差特征项目符号、几何公差框格及指引线、基准符号、几何公差数值和其他有关符号等，如图4-9所示。

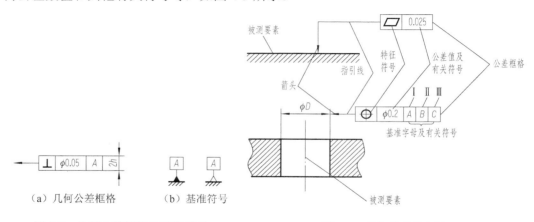

（a）几何公差框格　　　（b）基准符号

图4-8　几何公差框格及基准符号　　　　　　　图4-9　几何公差的标注

填写几何公差框格应注意以下几点。

1）几何公差值均以 mm 为单位，公差要求注写在几何公差框格内，几何公差框格水平放置时，按自左至右的顺序依次填写几何特征符号、公差值、基准。

2）几何公差框格竖直放置时，则应从框格最下方的第1格起向上依次填写几何特征符号、公差值、基准。公差值以线性尺寸表示，如果公差带为圆形或圆柱形，则公差值前加"ϕ"；如果公差带形状为球形，则公差值前加"$S\phi$"，如图4-10所示。

（a）公差值t　　　　（b）公差值ϕt　　　　（c）公差值$S\phi t$

图4-10　几何公差值的3种表示方法

84

3）如果需要限定被测要素在公差带内的形状，可在公差值后加注相应符号，见表 4-2。

表 4-2　几何公差附加符号

含义	符号	举例
若被测要素有误差，只允许中间向材料内凹陷	(−)	— | t(−)
若被测要素有误差，只允许中间向材料外凸起	(+)	▱ | t(+)
若被测要素有误差，只允许从左至右减小	(▷)	⌓ | t(▷)
若被测要素有误差，只允许从右至左减小	(◁)	⌓ | t(◁)

4）当公差应用于几个相同要素时，应在几何公差框格的上方被测要素的尺寸之间注明要素的个数，并在两者之间加上"×"，如图 4-11（a）所示。对被测要素的其他说明，应在框格的下方注明，如图 4-11（b）所示。

5）同一被测要素有两个或两个以上的公差项目要求时，允许将一个框格放在另一个框格的下方，如图 4-11（c）所示。

（a）上方注明个数　　　（b）下方注其他说明　　　（c）多个公差项目要求

图 4-11　公差框格标注实例

二、被测要素的标注方法

用带箭头的指引线将几何公差框格与被测要素相连来标注被测要素。指引线与框格的连接可采用图 4-12 所示的方法。

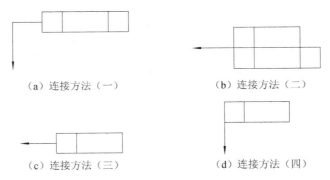

（a）连接方法（一）　　　　　　　（b）连接方法（二）

（c）连接方法（三）　　　　　　　（d）连接方法（四）

图 4-12　指引线与几何公差框格的连线

指引线从几何公差框格引出指向被测要素，中间可以弯折，但不得多于两次，指引线箭头方向应垂直于被测要素，如图 4-13 所示，即与公差带的宽度或直径方向相同，该方向也是几何误差的测量方向。不同的被测要素，箭头的指示位置也不同，箭头垂直被测要素，圆锥圆度例外，如图 4-13（c）所示。

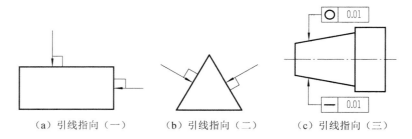

（a）引线指向（一）　　　（b）引线指向（二）　　　（c）引线指向（三）

图 4-13　指引线指向标注示例

1）被测要素为轮廓线或表面时，指引线的箭头要指向被测要素的轮廓线或延长线上，并明显地与其尺寸线的箭头错开，如图 4-14（a）和图 4-14（b）所示。

2）被测要素为视图上的局部表面时，可用带圆点的参考线指明被测要素（圆点应在被测表面上），而将指引线的箭头指向参考线，如图 4-14（c）所示。

3）被测要素为某要素的局部要素，而且在视图上表现为轮廓线时，可用粗点画线表示被测范围，箭头指向点画线，如图 4-14（d）所示。

4）当被测要素是轴线、中心面或中心点时，指引线应与该要素的尺寸线对齐，如图 4-14（e）和图 4-14（f）所示。

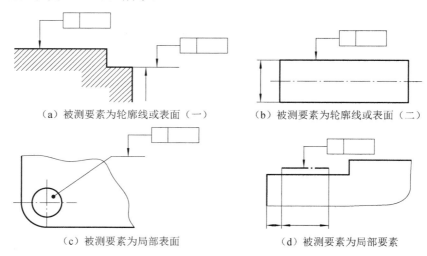

（a）被测要素为轮廓线或表面（一）　　　（b）被测要素为轮廓线或表面（二）

（c）被测要素为局部表面　　　（d）被测要素为局部要素

图 4-14　标注被测要素

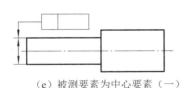

（e）被测要素为中心要素（一）

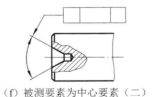

（f）被测要素为中心要素（二）

图 4-14（续）

5）一个公差可以用于具有相同几何特征和公差值的若干个分离要素，如图 4-15 所示。

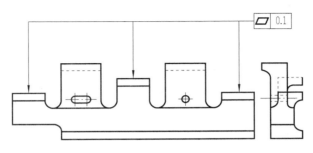

图 4-15 标注多个要素

三、基准要素的标注方法

基准是确定被测要素的方向、位置的参考对象。在几何公差的标注中，与被测要素相关的基准用一个大写字母表示。基准标注在基准方框内，与一个涂黑的或空白的三角形相连以表示基准，如图 4-16 所示。

图 4-16 基准代号

图样上标出的基准通常分为以下 3 种：用 1 个字母表示单一基准；用 2 个字母表示，中间加一短横线连接，表示组合基准；用几个字母表示三基面体系，表示多基准。

1. 单一基准

由 1 个要素建立的基准称为单一基准，如图 4-17 所示。

2. 组合基准

由 2 个或 2 个以上的要素建立的一个独立基准称为组合基准或公共基准，如图 4-18 所示。

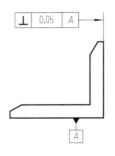

图 4-17　单一基准

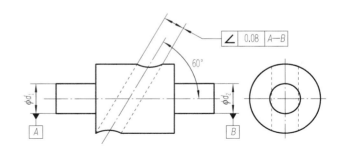

图 4-18　组合基准

3. 多基准

由 3 个相互垂直的平面构成三基面体系，也称基准体系，如图 4-19 所示，由 1 个平面和一条轴线构成两个基准，如图 4-20 所示。多基准通常在位置公差中。

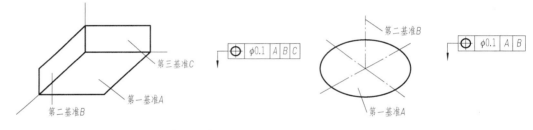

图 4-19　三基面体系　　　　　　　　图 4-20　两个基准

基准符号在标注时还应注意以下几点。

1）当基准要素为轮廓线或表面时，基准符号应标注在该要素的轮廓线或延长线上，基准符号中的细实线与其尺寸线的箭头应明显错开，如图 4-21 所示。基准三角形也可放置在该轮廓面引出线的水平线上，如图 4-22 所示。

2）当基准要素为轴线、中心面或中心点时，基准符号中的细实线与尺寸线对齐，如图 4-23 所示。

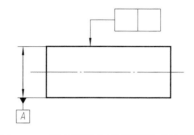

图 4-21　基准要素为轮廓要素时的标注

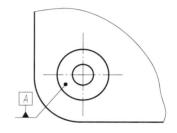

图 4-22　基准三角形放置在引出线的水平线上

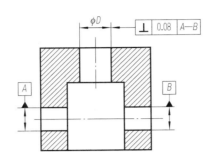

图 4-23　基准要素为中心要素时的标注

阅读材料

一、全周符号表示法

　　几何公差特征项目（如轮廓度公差）适用于横截面内的整个外轮廓线或整个外轮廓面时，应采用全周符号，即在几何公差框格的指引线上绘制一个圆圈，如图 4-24 所示。此时被测要素不仅是曲线（或曲面），而且包括两条垂直的直线（或两个垂直的平面），即整个外轮廓线（或外轮廓面）。

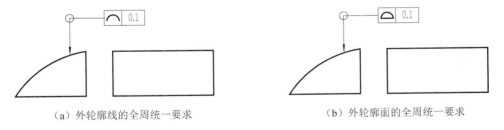

（a）外轮廓线的全周统一要求　　　　　　　（b）外轮廓面的全周统一要求

图 4-24　全周符号

二、螺纹和齿轮的标注

　　1）标注螺纹被测要素或基准要素时，中径符号不标出，只有当为大径或小径时，才可以在几何公差框格或基准代号圆圈下方标注字母 MD（大径）或 LD（小径），如图 4-25 所示。

　　2）当被测要素或基准要素为齿轮和花键的节径轴线时，应在几何公差框格或基准代号圆圈下方标注字母 PD。若为大径轴线则标注 MD；若为小径轴线，则标注 LD，如图 4-26 所示。

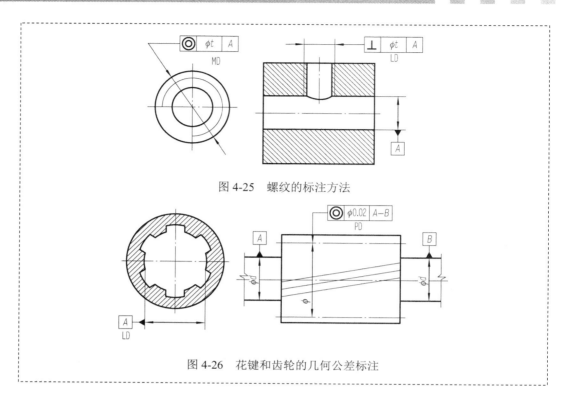

图 4-25   螺纹的标注方法

图 4-26   花键和齿轮的几何公差标注

思考与练习

一、填空题

1．几何公差的代号包括几何公差_____、_____、_____、几何公差_____和其他有关符号等。

2．几何公差框格分为两格或多格，公差框格中按从左到右的顺序填写下列内容：_____、_____和_____。

3．给定的公差带形状为圆或圆柱时，应在公差数值前加注"_____"；当给定的公差带形状为球时，应在公差数值前加注"_____"。

4．标注几何公差的附加要求时，属于被测要素数量的说明，应写在公差框格的_____；属于解释性的说明，应写在公差框格的_____。

二、判断题

1．几何公差框格指引线的箭头指向被测要素公差带的宽度或直径方向。（   ）

2．若几何公差框格中基准代号的字母标注为 $A—B$，则表示此几何公差有两个基准。

（　　）

3．公差框格中所标注的公差值如无附加说明，则表示被测范围为箭头所指的整个组成要素或导出要素。

（　　）

4．在标注几何公差时，如果被测范围仅为被测要素的一部分，则应用粗实线表示该范围，并标出尺寸。

（　　）

第五章

几何公差的识读

知识目标

1. 掌握几何公差的识读方法。
2. 理解几何公差带的含义。
3. 掌握几何公差的标注方法。

能力目标

1. 能正确识读图样上的几何公差。
2. 能根据要求在图样上正确标注几何公差。

对于几何公差不能只停留在认识的基础上，应该能正确的识读，如图 5-1 所示的传动轴零件是机械中常见的零件，当我们学完了这门课程后，应该能对图形中的标注进行正确的识读。

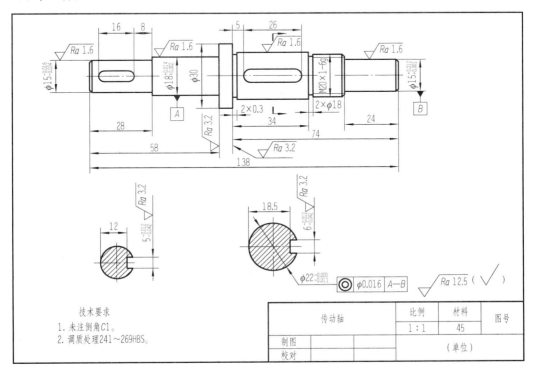

图 5-1　传动轴零件图

第一节　识读图样上的形状公差

形状公差是实际要素对其理想要素所允许的变动全量，是限制实际要素的形状变动的区域。形状公差包括直线度、平面度、圆度、圆柱度、无基准的线轮廓度和无基准的面轮廓度 6 个项目。形状公差在图样上一般用框格的形式表达，如图 5-2 所示，⎯ 0.10 表示零件的形状公差要求。

形状公差识读格式：被测要素的××公差值为 t，这里××指几何公差项目，t 为公差值。

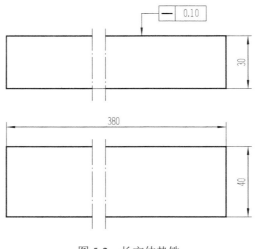

图 5-2　长方体垫铁

一、直线度公差的识读

直线度公差是限制实际直线对理想直线的变动全量。被测实际直线主要有平面内的直线、直线回转体（圆柱或圆锥）上的素线、平面与平面的交线和轴线等。

1. 认识直线度公差框格

形状公差由公差框格和指引线组成，如图 5-3 所示。框格中的"—"是直线度符号。

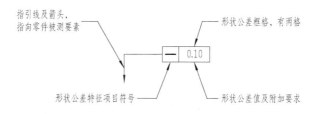

图 5-3　形状公差组成示意图

2. 分析直线度公差带

图 5-3 框格中的"0.10"指形状公差值，它是被测要素相对于理想要素所允许的变动全量，即长方体垫铁上表面的直线度误差应限定在间距等于 0.10mm 的两个平行平面之间。

特别提示

1）形状公差的被测要素为单一要素。
2）形状公差带的方向和位置是浮动的。

3. 3种直线度公差带

根据被测直线的空间特性和零件的使用要求，直线度公差有以下几种情况。

（1）给定平面内的直线度

给定平面内的直线度，其公差带为间距等于公差值 0.015mm 的两条平行直线所限定的区域，如图 5-4 所示。

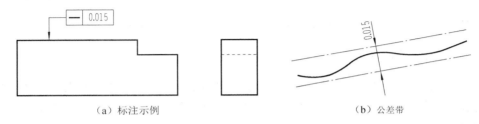

（a）标注示例 （b）公差带

图 5-4 给定平面内的直线度标注及其公差带

识读：零件上表面的直线度公差值为 0.015mm。

（2）给定方向上的直线度

给定方向上的直线度，其公差带间距等于公差值 0.1mm 的两个平行平面所限定的区域，如图 5-5 所示。

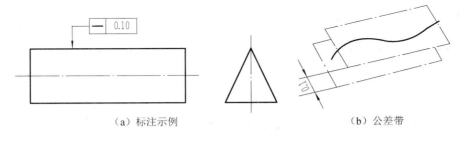

（a）标注示例 （b）公差带

图 5-5 给定方向上的直线度标注及其公差带

识读：三棱柱棱线的直线度公差值为 0.1mm。

（3）给定任意方向上的直线度

给定任意方向上的直线度，其公差带为直径等于公差值$\phi 0.025$mm的圆柱面所限定的区域，如图 5-6 所示。

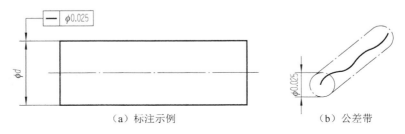

（a）标注示例　　　　　　　（b）公差带

图 5-6　给定任意方向上的直线度标注及其公差带

识读：直径为 d 的圆柱轴线的直线度公差值为 $\phi 0.025$mm。

二、平面度公差的识读

直线度公差不能用来限制长、宽尺寸都较大的平面的误差，限制其误差需要用平面度公差。平面度是限制实际平面对其理想平面变动量的一项指标，如图 5-7 所示为一小平板的平面度标注及其公差带。

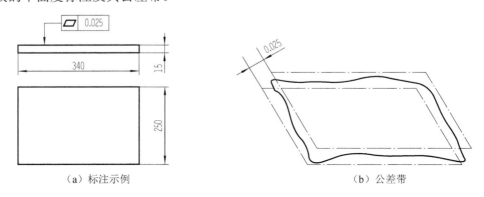

（a）标注示例　　　　　　　　　（b）公差带

图 5-7　小平板的平面度标注及其公差带

识读：小平板上表面的平面度公差值为 0.025mm。

三、圆度公差的识读

圆度是限制实际圆对理性圆变动量的一项指标，是对具有圆柱面（包括圆锥面、球面）的零件在一正截面内圆形轮廓的要求，如图 5-8 所示。

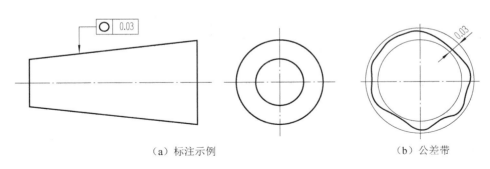

（a）标注示例　　　　　　　　　　　（b）公差带

图 5-8　圆度标注及其公差带

识读：圆锥面的圆度公差值为 0.03mm。

四、圆柱度公差的识读

如图 5-9 所示为一细长轴，零件在加工中可能产生锥形变形、腰鼓形变形、弯曲变形等形状误差。要限制圆柱面的这些误差，必须同时限制圆柱面的径向误差和轴向误差，即标注圆柱度公差，如图 5-10 所示。

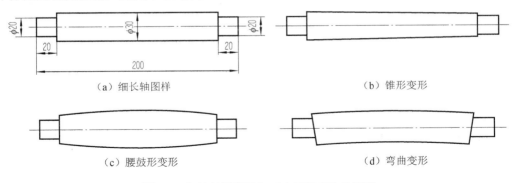

（a）细长轴图样　　　　　　　　　　　　　（b）锥形变形

（c）腰鼓形变形　　　　　　　　　　　　　（d）弯曲变形

图 5-9　细长轴图样及加工中可能产生的变形

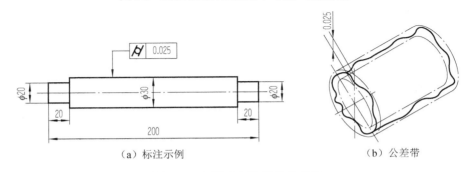

（a）标注示例　　　　　　　　　　　（b）公差带

图 5-10　圆柱度标注及其公差带

圆柱度是限制实际圆柱面对理想圆柱面变动量的一项指标。它控制了圆柱体横截面和纵截面内的各项形状误差，如圆度、素线的直线度、轴线的直线度等。圆柱度是圆柱体各项形状误差的综合指标。

识读：细长轴 ϕ30mm 圆柱面的圆柱度公差值为 0.025mm。

五、无基准的线轮廓度公差

线轮廓度是限制实际曲线对理想曲线变动量的一项指标，其公差标注如图 5-11 所示。"⌒"是线轮廓度符号，指引线的箭头指向的被测要素是轮廓曲线，并与曲线的切线垂直，与尺寸线明显错开。

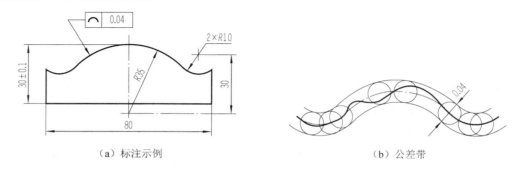

（a）标注示例　　　　　　　　　　（b）公差带

图 5-11　无基准的线轮廓度公差标注及其公差带

识读：R35mm 圆弧的线轮廓度公差值为 0.04mm。

理论正确尺寸：当给出一个或一组要素的位置、方向或轮廓度公差时，分别用来确定其理论正确位置、方向或轮廓的尺寸称为理论正确尺寸，在图样上用加矩形框的数字表示，以便与未注尺寸公差的尺寸相区别。它仅表达设计时对被测要素的理想要求，故该尺寸不带公差。

六、无基准的面轮廓度公差

面轮廓度是限制实际曲面对理想曲面变动量的一项指标，公差标注如图 5-12 所示。"⌒"是面轮廓度符号，指引线的箭头指向的被测要素是轮廓曲面，并与曲面的切线垂直，与尺寸线明显错开。

面轮廓度公差可以同时限制被测曲面的面轮廓度误差和曲面上任意一截面的线轮廓度误差。

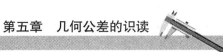

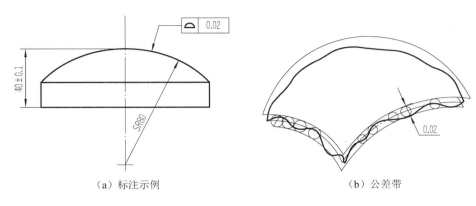

（a）标注示例　　　　　　　　　　　　　　　　（b）公差带

图 5-12　无基准的面轮廓度公差标注及其公差带

识读：球面的面轮廓度公差值为 0.02mm。

阅读材料

　　圆度与圆柱度的应用说明如下。

　　1）圆度和圆柱度一样，是用半径来表示的，这是符合生产实际的。因为圆柱面在旋转过程中是通过半径的误差起作用的。

　　2）圆度公差控制横截面误差，而圆柱度公差控制横截面和轴截面的综合误差。

　　3）圆柱度公差值只是指两圆柱面的半径差，未限定圆柱面的半径和圆心位置。因此，公差带不受直径大小和位置的约束，可以浮动。

思考与练习

一、选择题

1. 关于任意方向的直线度公差要求，下列说法错误的是（　　　）。

　　A．其公差带是圆柱面内的区域

　　B．此项公差要求常用于回转类零件的轴线

　　C．任意方向实质上是没有方向要求

　　D．标注时公差数值前应加注符号"ϕ"

2. 平面度公差带是（　　　）间的区域。

　　A．两平行直线　　　B．两平行平面　　　C．圆柱面　　　D．两同轴圆柱面

3.（　　　）公差带是半径差为公差值 t 的两圆柱面内的区域。

　　A．直线度　　　B．平面度　　　C．圆度　　　D．圆柱度

4. 关于线轮廓度和面轮廓度公差，下列说法错误的是（　　）。

 A. 线轮廓度公差只能用来控制曲线的形状精度，面轮廓度公差只能用来控制曲面的形状精度

 B. 线轮廓度公差带是两条等距曲线之间的区域

 C. 面轮廓度公差带是两个等距曲面之间的区域

 D. 线轮廓度、面轮廓度公差带中的理论正确几何形状由理论正确尺寸确定

二、判断题

1. 平面的几何特性要比直线复杂，因而平面度公差形状要比直线的公差带形状复杂。　　　　　　　　　　　　　　　　　　　　　　　　　（　　）

2. 平面度公差可以用来控制平面上直线的直线度误差。　　　　　　（　　）

3. 圆度公差的被测要素可以是圆柱面，也可以是圆锥面。　　　　　（　　）

4. 圆度公差带是指半径为公差值 t 的圆内的区域。　　　　　　　（　　）

5. 和圆度一样，圆柱度的被测要素也可以是圆柱面或圆锥面。　　　（　　）

6. 面轮廓公差带比线轮廓公差带复杂，因而线轮廓度属于形状公差，而面轮廓度属于位置公差。　　　　　　　　　　　　　　　　　　　　　（　　）

三、简答题

1. 直线度公差所限制的被测直线可以是哪些类型？

2. 直线度的公差带形状有哪几种？

第二节　识读图样上的方向公差

  方向公差是关联实际要素对其具有确定方向的理想要素允许的变动全量。理想要素的方向由基准及理论正确尺寸（角度）确定。

  当被测要素对基准的理想方向为 0°时，为平行度；当被测要素对基准的理想方向为 90°时，为垂直度；当被测要素对基准的理想方向为任意角度时，为倾斜度。

  由于被测要素和基准要素均有平面和直线之分，因此平行度、垂直度和倾斜度公差均有线对线、线对面、面对面和面对线 4 种形式。

  方向公差的识读格式：被测要素对基准要素的××公差值为 t。其中，××为几何公差项目名称，由框格左边第一格的符号决定。

一、平行度公差的识读

平行度公差是限制被测要素（直线或平面）相对于基准要素（直线或平面）在平行方向上的变动量的一项指标,用来控制被测要素相对于基准要素的方向偏离0°的程度。

1. 面对面的平行度

被测要素为面,基准要素也为面。

如图 5-13 所示,公差带为间距等于公差值 0.01mm,且平行于基准平面 A 的两个平行平面所限定的区域。

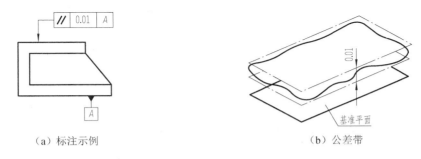

（a）标注示例　　　　　（b）公差带

图 5-13　面对面的平行度公差标注及其公差带

识读:上平面对底面 A 的平行度公差值为 0.01mm。

2. 面对线的平行度

被测要素为面,基准要素为线。

如图 5-14 所示,公差带为间距等于公差值 0.1mm,且平行于基准轴线 C 的两个平行平面所限定的区域。

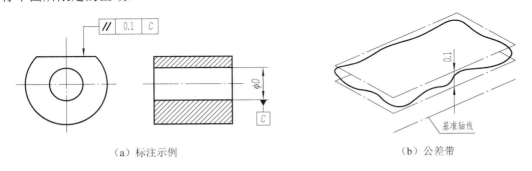

（a）标注示例　　　　　（b）公差带

图 5-14　面对线的平行度公差标注及其公差带

识读:上平面对孔轴线的平行度公差值为 0.1mm。

3. 线对面的平行度

被测要素为线，基准要素为面。

如图 5-15 所示，公差带为间距等于公差值 0.01mm，且平行于基准平面 B 的两个平行平面所限定的区域。

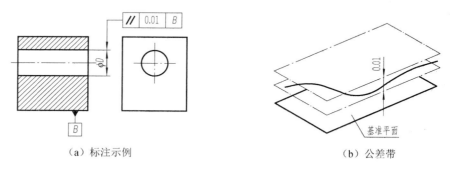

（a）标注示例　　　　　　　　　　（b）公差带

图 5-15　线对面的平行度公差标注及其公差带

识读：ϕD 孔的轴线对底面 B 的平行度公差值为 0.01mm。

4. 线对线的平行度

被测要素为线，基准要素为线。

线对线的平行度公差有两种情况：给定方向上线对线的平行度，如图 5-16（a）所示；任意方向上线对线的平行度，如图 5-17（a）所示。

（1）给定方向上线对线的平行度公差

如图 5-16 所示，公差带为距离等于公差值 0.03mm，且平行于基准轴线 A 的两个平行平面间的区域。

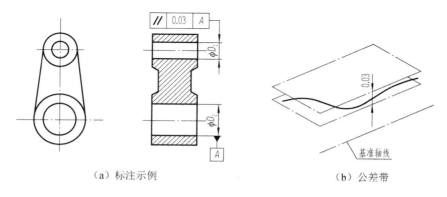

（a）标注示例　　　　　　　　　　（b）公差带

图 5-16　给定方向上线对线的平行度公差标注及其公差带

识读：ϕD_1孔的轴线对ϕD_2孔轴线 A 的平行度公差值为 0.03mm。

（2）任意方向上线对线的平行度公差

如图 5-17 所示，公差带为距离等于公差值 0.03mm，且平行于基准轴线 A 的圆柱面内的区域。

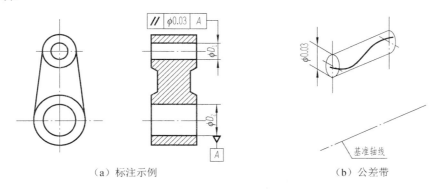

（a）标注示例 （b）公差带

图 5-17　任意方向上线对线的平行度公差标注及其公差带

识读：ϕD_1孔的轴线对ϕD_2孔轴线 A 的平行度公差值为ϕ0.03mm。

想一想

仔细观察图 5-16（a）和图 5-17（a），怎样区分给定方向和任意方向？

二、垂直度公差的识读

垂直度公差是限制被测要素（直线或平面）相对于基准要素（直线或平面）在垂直方向上的变动量的一项指标，用来控制被测要素相对于基准要素的方向偏离 90° 的程度。

1. 面对面的垂直度

被测要素为面，基准要素也为面。

如图 5-18 所示，公差带为间距等于公差值 0.05mm，且垂直于基准平面 A 的两个平行平面所限定的区域。

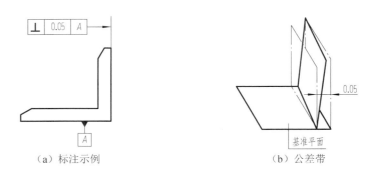

（a）标注示例 　　　　　　　　　（b）公差带

图 5-18　面对面的垂直度公差标注及其公差带

识读：右侧面对底面 A 的垂直度公差值为 0.05mm。

2．面对线的垂直度

被测要素为面，基准要素为线。

如图 5-19 所示，公差带为间距等于公差值 0.05mm，且垂直于基准轴线 A 的两个平行平面所限定的区域。

识读：右端面对 ϕD 孔的轴线的垂直度公差值为 0.05mm。

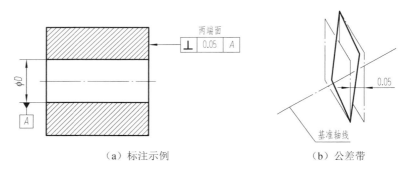

（a）标注示例 　　　　　　　　　（b）公差带

图 5-19　面对线的垂直度公差标注及其公差带

3．线对面的垂直度

被测要素为线，基准要素为面。线对面的垂直度公差有两种情况：给定方向上线对面的垂直度，如图 5-20（a）所示；任意方向上线对面的垂直度，如图 5-20（c）所示。

图 5-20（a）公差带为间距等于公差值 0.03mm，且平行于基准平面 A 的两个平行平面所限定的区域，如图 5-20（b）所示。图 5-20（c）公差带为直径等于公差值 0.05mm，

且垂直于基准平面 *A* 的两个平行平面所限定的区域，如图 5-20（d）所示。

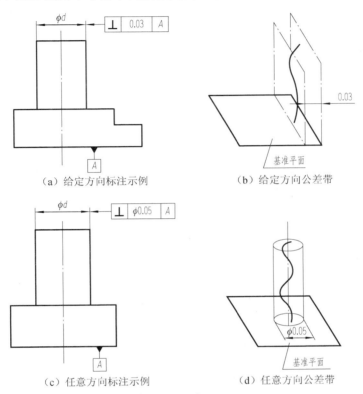

（a）给定方向标注示例   （b）给定方向公差带

（c）任意方向标注示例   （d）任意方向公差带

图 5-20　线对面的垂直度公差标注及其公差带

识读：上平面对孔轴线的平行度公差值为 0.05mm。

4. 线对线的垂直度

被测要素为线，基准要素为线。

如图 5-21 所示，公差带为间距等于公差值 0.02mm，且垂直于基准轴线 *A* 的两个平行平面所限定的区域。

识读：ϕD_1 孔轴线对 ϕD_2 孔轴线的垂直度公差值为 0.02mm。

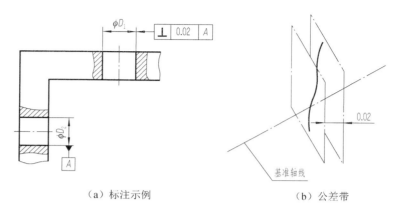

（a）标注示例　　　　　　（b）公差带

图 5-21　线对线的垂直度公差标注及其公差带

三、倾斜度公差的识读

倾斜度是被测实际要素相对具有理论正确方向的理想要素所允许的最大变动量。理想要素的理论正确方向相对于基准倾斜某一规定角度，此角度由理论正确尺寸来确定。对于平行度和垂直度，由于相应的理论正确角度为 0°和 90°，都是特殊角度，因此在图样上可以省略理论正确角度的标注。

1. 面对面的倾斜度

被测要素为面，基准要素为面。

如图 5-22 所示，公差带为间距等于公差值 0.08mm，且与基准平面 A 成 45°的两个平行平面所限定的区域。

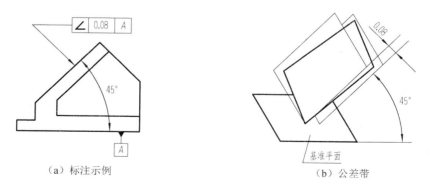

（a）标注示例　　　　　　（b）公差带

图 5-22　面对面的倾斜度公差标注及其公差带

识读：斜面对基准面 A 的倾斜度公差值为 0.08mm。

2. 面对线的倾斜度

被测要素为面，基准要素为线。

如图 5-23 所示，公差带为间距等于公差值 0.05mm，且与基准轴线 A 成 60°的两个平行平面所限定的区域。

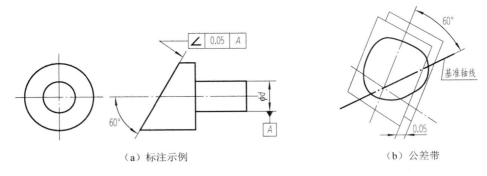

（a）标注示例　　　　　　　　　　（b）公差带

图 5-23 面对线的倾斜度公差标注及其公差带

识读：斜面对基准轴线 A 的倾斜度公差值为 0.05mm。

3. 线对面的倾斜度

被测要素为线，基准要素为面。

如图 5-24 所示，公差带为间距等于公差值 0.08mm，且与基准平面 A 成 60°的两个平行平面所限定的区域。

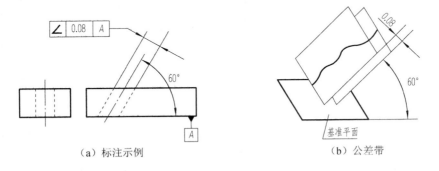

（a）标注示例　　　　　　　　　　（b）公差带

图 5-24 线对面的倾斜度公差标注及其公差带

识读：斜孔的轴线对底面 A 的倾斜度公差值为 0.08mm。

4. 线对线的倾斜度

被测要素为线，基准要素为线。

如图 5-25 所示，公差带为间距等于公差值 0.08mm，且与公共基准轴线 $A—B$ 成 60° 的两个平行平面所限定的区域。

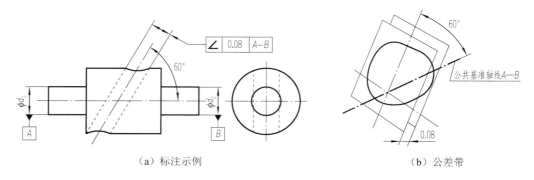

（a）标注示例　　　　　　　　　　　（b）公差带

图 5-25　线对线的倾斜度公差标注及其公差带

识读：斜孔的轴线对 ϕd_1 和 ϕd_2 公共基准轴线 $A—B$ 的倾斜度公差值为 0.08mm。

特别提示

1）方向公差带相对基准有确定的方向，但其位置往往是浮动的。

2）方向公差带具有综合控制被测要素的方向和形状的功能。

因此，在保证功能要求的前提下，规定了方向公差的要素，一般不再规定形状公差，只有需要对该要素的形状有进一步要求时，才同时给出形状公差，但其数值应小于方向公差。

思考与练习

一、选择题

1. 在垂直度公差中，按被测要素和基准要素的几何特征划分，其公差带形状最复杂的是（　　）。

A．线对线的垂直度公差　　　　　B．线对面的垂直度公差

C．面对线的垂直度公差　　　　　D．面对面的垂直度公差

2. 在倾斜度公差中，确定公差带方向的因素是（　　）。

A．被测要素的形状　　　　　　　B．基准要素的形状

C．基准和理论正确角度　　　　　　D．被测要素和理论正确尺寸

二、判断题

1．面对面、线对面和面对线的平行度公差带形状相同，均为两平行平面。

（　　）

2．任意方向上线对线的平行度公差带是直径为公差值 t 的圆柱面内的区域。

（　　）

3．面对面的垂直度公差带是距离为公差值 t，且垂直于基准平面的两平行直线之间的区域。　　　　　　　　　　　　　　　　　　　　　　　　　　（　　）

4．在定向公差中，给定一个方向和任意方向在标注上的主要区别是为任意方向时，必须在公差值前写上表示直径的符号"ϕ"。　　　　　　　　　　　　（　　）

三、简答题

图 5-26 所示销轴的 3 种几何公差标注，它们的公差带有何不同？

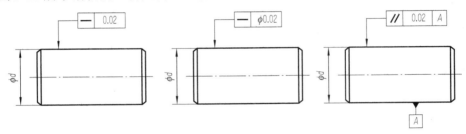

图 5-26　销轴的 3 种几何公差标注

第三节　识读图样上的位置公差和跳动公差

位置公差是指被测要素对某一具有确定位置的理想要素的变动量，理想要素的位置由基准和理论正确尺寸确定。位置公差包括同心度和同轴度、对称度、位置度等公差项目。

一、位置公差的识读

1．同心度和同轴度

同轴度公差是限制被测要素轴线相对于基准要素轴线的同轴位置误差的一项指标。

同心度用于限制被测圆心和基准圆心同心的程度。

（1）圆心对圆心的同心度公差

被测要素为圆心，基准要素为圆心。

如图 5-27 所示，公差带为直径等于公差值 $\phi0.1mm$，且与基准圆心 A 同心的圆内的区域。

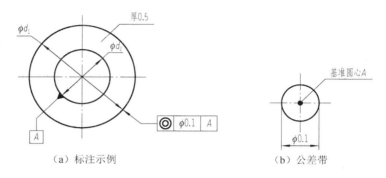

（a）标注示例　　　　　　　　　　　（b）公差带

图 5-27　同心度公差标注及其公差带

识读：ϕd_1 圆心对 ϕd_2 圆心 A 的同心度公差值为 $\phi0.1mm$。

（2）轴线对轴线的同轴度公差

被测要素为轴线，基准要素为轴线。

如图 5-28 所示，公差带为直径等于公差值 $\phi0.02mm$，且与基准轴线 A 同轴的圆柱内的区域。

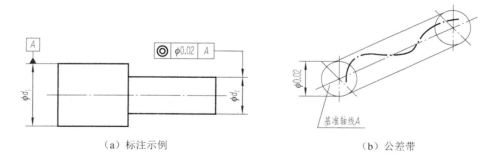

（a）标注示例　　　　　　　　　　　（b）公差带

图 5-28　同轴度公差标注及其公差带

识读：ϕd_2 轴线对 ϕd_1 轴线 A 的同轴度公差值为 $\phi0.02mm$。

2. 对称度

对称度公差是指被测要素对某一具有理论正确位置的理想要素所允许的最大变动

量，理想要素的理论正确位置应与基准重合。被测要素一般为面，基准要素既可以是线也可以是面。

（1）面对面的对称度

被测要素为面，基准要素为面。

如图5-29所示，公差带为距离等于公差值0.08mm，且相对基准中心平面A对称配置的两个平行平面之间的区域。

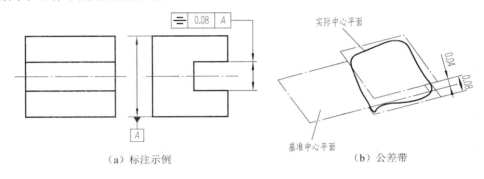

（a）标注示例　　　　　　　　（b）公差带

图5-29　面对面的对称度公差标注及其公差带

识读：槽的中心平面对上、下面的基准中心平面A的对称度公差值为0.08mm。

（2）面对线的对称度

被测要素为面，基准要素为线。

如图5-30所示，公差带为距离等于公差值0.1mm，且相对基准中心轴线A对称配置的两个平行平面之间的区域。

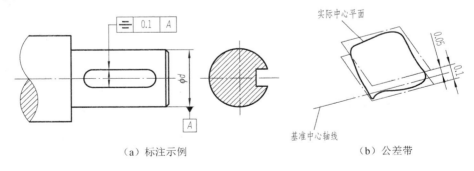

（a）标注示例　　　　　　　　（b）公差带

图5-30　面对线的对称度公差标注及其公差带

识读：槽的中心平面对 ϕd 轴线A的对称度公差值为0.1mm。

在轴上铣键槽时对轴提出对称度要求，就可控制槽的中心平面对轴线的偏斜程度，如图 5-31 所示。

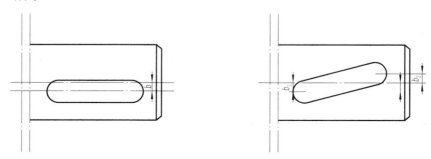

图 5-31　轴槽对轴线的偏斜

3. 位置度

位置度公差是指被测要素对某一理论正确位置的基准要素所允许的最大变动量，基准要素的理论正确位置应由基准和理论正确尺寸决定。位置度公差可以分为点、线、面的位置度。

位置度公差不仅控制了被测要素的位置误差，而且控制了被测要素的方向和形状误差，但不能控制形成中心要素的轮廓上的形状误差。

（1）点的位置度公差

点的位置度公差用于限制球心或圆心的位置误差。

如图 5-32 所示，公差带为直径等于公差值 $\phi 0.03$mm，并以相对基准 A、B 所确定的理想位置为圆心的圆内区域。

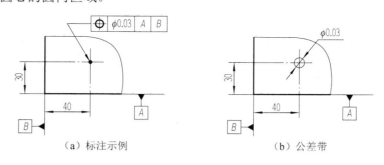

（a）标注示例　　　　　　　　（b）公差带

图 5-32　点的位置度公差标注及其公差带

识读：实际点对基准面 A 和基准面 B 的位置度公差值为 $\phi 0.03$mm。

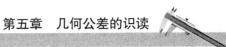

（2）线的位置度公差

线的位置度公差有两种情况，如图 5-33 所示。

识读图 5-33（a）：ϕD 孔轴线对三基准平面 A、B、C 位置度公差值为 $\phi 0.1\text{mm}$。

如图 5-33（a）所示，公差带为直径等于公差值 $\phi 0.1\text{mm}$，并以孔轴线的理想位置为轴线的圆柱面内的区域。

识读图 5-33（b）：ϕd 孔轴线对基准平面 A 及基准轴线 B 的位置度公差值为 $\phi 0.1\text{mm}$。

如图 5-33（b）所示，公差带为直径等于公差值 $\phi 0.1\text{mm}$，并以孔轴线的理想位置为轴线的圆柱面内的区域。

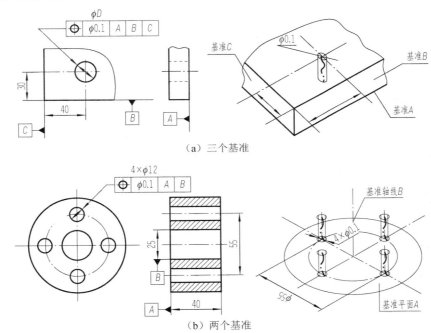

图 5-33 线的位置度公差标注及其公差带

（3）面的位置度公差

如图 5-34 所示，公差带为与基准轴线成 $60°$，与基准平面距离为 50mm，距离等于公差值 0.05mm 的两个平行平面之间的区域。

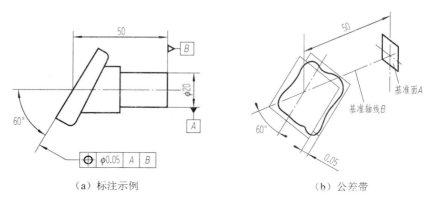

（a）标注示例　　　　　　　　　　（b）公差带

图 5-34　面的位置度公差标注及其公差带

识读：斜面对 ϕ20mm 轴线 A 及右端面 B 的位置度公差值为 0.05mm。

二、跳动公差的识读

跳动公差是被测要素绕基准轴线回转一周或连续回转时所允许的最大跳动量。跳动是按测量方式定出的公差项目。虽然测量方法简便，但仅限于应用在回转表面。跳动公差分为圆跳动公差和全跳动公差。

1. 圆跳动公差

圆跳动公差是被测表面绕基准轴线回转一周时，在给定方向上的任一测量面上所允许的跳动量。圆跳动公差根据给定测量方向可分为径向圆跳动公差、端面圆跳动公差和斜向圆跳动公差 3 种。

（1）径向圆跳动公差

如图 5-35 所示，公差带是在垂直于基准轴线 A 的任一测量平面内，半径差等于公差值 0.05mm 且圆心在基准轴线上的两个同心圆之间的区域。

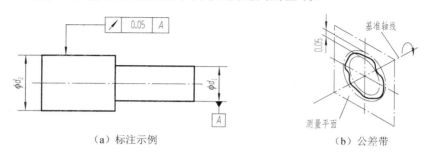

（a）标注示例　　　　　　　　　　（b）公差带

图 5-35　径向圆跳动公差标注及其公差带

识读：ϕd_2 圆柱面对 ϕd_1 轴线 A 的径向圆跳动公差值为 0.05mm。

（2）端面圆跳动公差

如图 5-36 所示，公差带是在与基准轴线 A 同轴的任一直径位置的测量圆柱面上，沿素线方向宽 0.05mm 的圆柱面之间的区域。

识读：左端面对基准轴线 A 的端面圆跳动公差值为 0.05mm。

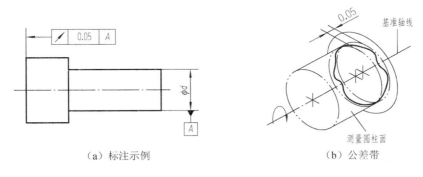

（a）标注示例　　　　　　　　　　（b）公差带

图 5-36　端面圆跳动公差标注及其公差带

（3）斜向圆跳动公差

如图 5-37 所示，公差带是在与基准轴线 A 同轴的任一直径位置的测量圆锥面上，沿素线方向宽 0.05mm 的圆锥面之间的区域。

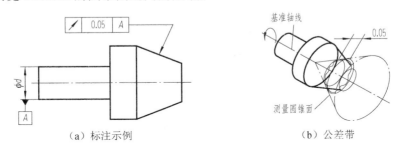

（a）标注示例　　　　　　　　　　（b）公差带

图 5-37　斜向圆跳动公差标注及其公差带

识读：圆锥面对基准轴线 A 的斜向圆跳动公差值为 0.05mm。

2. 全跳动公差

全跳动公差是被测表面绕基准轴线连续回转时，在给定方向上所允许的最大跳动量。全跳动公差分为径向全跳动公差和轴向全跳动公差。

（1）径向全跳动公差

如图 5-38 所示，公差带为半径差等于公差值 0.2mm，且与基准轴线 A 同轴的两个圆柱面之间的区域。

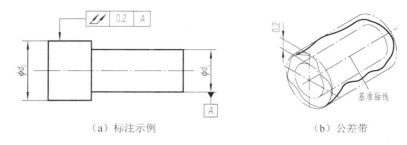

（a）标注示例　　　　　　（b）公差带

图 5-38　径向全跳动公差标注及其公差带

识读：ϕd_2 圆柱面对 ϕd_1 轴线 A 的径向全跳动公差值为 0.2mm。

（2）轴向全跳动公差

如图 5-39 所示，公差带为距离等于公差值 0.05mm，且与基准轴线垂直的两平行平面之间的区域。

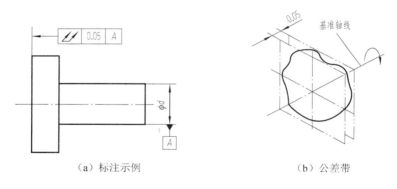

（a）标注示例　　　　　　（b）公差带

图 5-39　轴向全跳动公差标注及其公差带

识读：左端面对 ϕd 轴线 A 的轴向全跳动公差值为 0.05mm。

思考与练习

一、填空题

1．同轴（同心）度公差的被测要素和基准要素均为_____，对称度公差的被测要素和基准要素均为_____或_____。

2．对称度公差带为相对基准中心平面或轴线_____的_____之间的区域，空间轴线的位置度公差为以该轴线的理想位置为_____的_____内的区域。

3．圆跳动公差根据给定测量方向可分为_____圆跳动公差、_____圆跳动公差和_____圆跳动公差 3 种，全跳动公差分为_____全跳动公差和_____全跳动公差。

二、选择题

1．关于同轴（同心）度公差和对称度公差的相同点，下列说法中错误的是（　　　）。

    A．两者的公差带形状相同

    B．两者的被测要素均为导出要素

    C．两者的基准要素均为导出要素

    D．标注时，两者的几何公差框格的指引线箭头和基准代号的连线都应与对应要素的尺寸线对齐

2．下列公差带形状相同的有（　　　）。

    A．轴线的直线度与平面度　　　　　　B．圆度与径向圆跳动

    C．线对面的平行度与轴线的位置度　　D．同轴度与对称度

第四节　解析几何公差识读中的常见问题

大部分学生学完几何公差的识读后，在遇到具体的图形时仍不知如何下手，如对于图 5-40 中所标注的几何公差，在识读过程中会出现各种各样的问题。

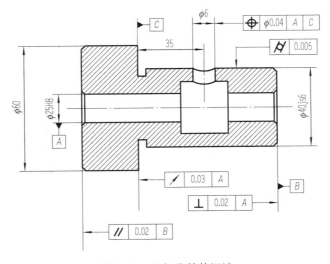

图 5-40　几何公差的识读

课堂练习

解释图 5-41 中几何公差标注的含义。

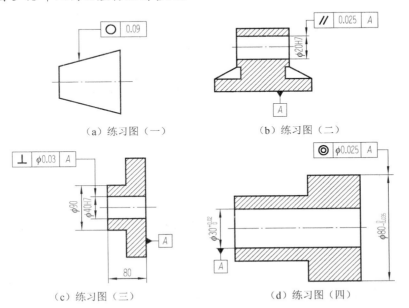

（a）练习图（一）　　　　　（b）练习图（二）

（c）练习图（三）　　　　　（d）练习图（四）

图 5-41　练习图

阅读材料

标注几何公差

根据下列各项几何公差要求，在图 5-42 中的几何公差框格中填上正确的几何项目符号、数值及基准字母。

1）$\phi60mm$ 圆柱面的轴线对 $\phi40mm$ 圆柱面的轴线的同轴度为 $\phi0.05mm$。

2）$\phi60mm$ 圆柱面的圆度为 0.03mm，$\phi60mm$ 圆柱面对 $\phi40mm$ 圆柱面的轴线的径向全跳动为 0.06mm。

3）键槽两个工作平面的中心平面对通过 $\phi40mm$ 轴线的中心平面的对称度为 0.05mm。

4）零件的左端面对 $\phi60mm$ 圆柱面轴线的垂直度为 0.05mm。

在几何公差的标注中，该题目是简单题型，框格已经绘制好。在做题时，可以从以下几个方面考虑。

1）有一个框格比较特殊，上下 2 层，且下层为 2 个框格，由此判断为形状公差，观察题中哪个要求与形状公差有关。仔细读题会发现要求 2 中有圆度要求，圆度公差属于形状公差，公差值为 0.03mm。

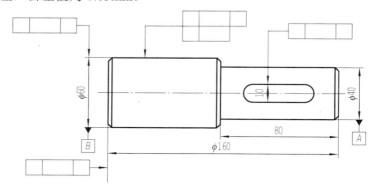

图 5-42　按要求标注几何公差

2）2 个框格上面为 3 个框格，从标注的形式上发现同一个被测要素有两个几何公差要求，仔细读题会发现要求 2 中对于 φ60mm 圆柱面有两个要求。

3）剩下的都是 3 个框格，发现有 2 个都是与尺寸线对齐，所以被测要素为中心要素，为轴线或中心平面。回到要求中找关键词，会发现 φ60mm 圆柱的轴线是同轴度要求，尺寸为 10mm 的是键槽，几何公差的箭头与 10mm 尺寸对齐指的是键槽的中心平面。

4）最后一个指向左端面的延长线，被测要素为左端面，是垂直度要求。

5）图 5-42 中有 2 个基准，即 A 和 B，3 个框格的最后一个框格内要填基准字母。A 指的是 φ40mm 圆柱的轴线，B 指的是 φ60mm 圆柱的轴线。

标注结果如图 5-43 所示。

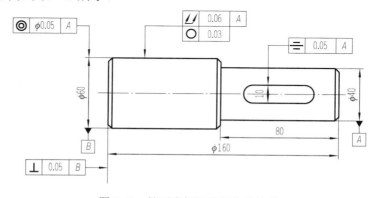

图 5-43　按要求标注几何公差结果

思考与练习

实操题

试将下列各项几何公差要求标注在图 5-44 所示的图样上。

1．圆锥面 A 的圆度为 0.006mm，素线的直线度为 0.005mm，圆锥面 A 轴线对 ϕd 轴线的同轴度为 ϕ0.015mm。

2．ϕd 圆柱面的圆柱度为 0.009mm，ϕd 轴线的直线度为 0.012mm。

3．右端面 B 对 ϕd 轴线的圆跳动为 0.01mm。

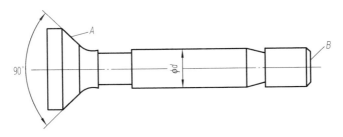

图 5-44　练习图

第六章

几何误差的检测

知识目标

1. 掌握用刀口形直尺检测直线度和平面度的方法。
2. 掌握用直角尺检测垂直度的方法。
3. 掌握用圆弧样板检测轮廓度的方法。
4. 掌握用百分表检测几何误差的方法。

能力目标

1. 会根据检测结果合理判断零件上被测项目是否合格。
2. 能根据检测项目的不同正确使用百分表进行测量。
3. 能够合理使用并维护百分表。

几何误差是被测实际要素对其理想要素的变动量。检测时根据测得的几何误差值是否在几何公差的范围内，得出零件合格与否的结论。

为了能正确检测几何误差，便于选择合理的检测方案，国家标准《产品几何量技术规范（GPS）形状和位置公差　检测规定》（GB/T 1958—2004）规定了几何误差的 5 条检测原则及应用这 5 条原则的 108 种检测方法。检测几何误差时，根据被测对象的特点和客观条件，可以按照这 5 条原则在 108 种检测方法中选择一种最合理的方法；也可根据实际生产条件，采用标准规定以外的检测方法和检测装置，但要保证能获得正确的检测结果。

第一节　检测直线度、平面度、垂直度和轮廓度

一、刀口形直尺和直角尺的使用

1. 刀口形直尺的使用

刀口形直尺的结构如图 6-1 所示。测量刃口为刀口形直尺的工作部分，在刀口形直尺上装有隔热板，使用时应手持隔热板进行测量。刀口形直尺是用来检测零件直线度、平面度等的专用量具，其规格用测量刃口的长度表示，常用的规格有 75mm、125mm、175mm、200mm、225mm、300mm、400mm、500mm 等几种。

（1）用刀口形直尺检测直线度

刀口形直尺只适用于检测较短零件的直线度，检测时将测量刃口放在被测零件表面上（图 6-2）。当测量刃口与实际线紧贴时，便符合最小条件。此时测量刃口与实际线之间所产生的最大间隙，就是被测实际线的直线度误差。当间隙较大时，可用塞尺直接测出最大间隙值，即被测零件的直线度误差；当间隙较小时，可按标准光隙估计其间隙大小。

图 6-1　刀口形直尺的结构

1—隔热板；2—测量刀口

图 6-2　用刀口形直尺检测直线度

（2）用刀口形直尺检测平面度

通常采用刀口形直尺通过透光法来检测零件的平面度，如图 6-3 所示。在零件检测面上，迎着亮光，观察测量刀口与零件表面间的缝隙，若较均匀，有微弱的光线通过，则平面平直。平面度误差值可用塞尺塞入确定。若两端光线极微弱，中间光线很强，则零件表面中间凹，其误差值取检测部位中的最大直线度的误差值计，如图 6-3（b）所示；若中间光线极弱，两端光线较强，则零件表面中间凸，其误差值应取两端检测部位中最大直线度的误差值计，如图 6-3（c）所示。检测有一定宽度的平面度时，要使其检查位置合理、全面，通常采用"米"字形逐一检测整个平面，如图 6-3（d）所示。

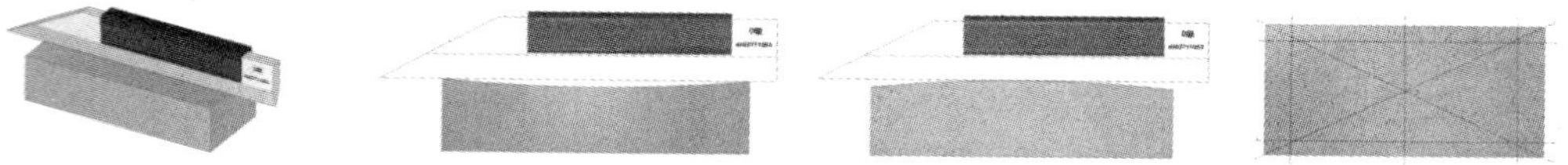

（a）透光法检测零件的平面度　　（b）中间凹零件　　（c）中间凸零件　　（d）"米"字形逐一检测

图 6-3　用刀口形直尺检测平面度

（3）刀口形直尺使用注意事项

1）使用前应将刀口形直尺的测量刃口、零件的被测表面擦拭干净。

2）刀口形直尺应避免剧烈碰撞及敲打任何部位（尤其是测量刃口），以免造成变形，影响其测量精度。

3）刀口形直尺应避免接触腐蚀性及磁性物质，以防止测量刃口的损坏及测量不准确。

4）刀口形直尺使用完毕后，应擦拭干净，将整个外表面尤其是测量刃口涂上防锈油，包上防锈纸，然后放回包装盒内。

2.　直角尺的使用

直角尺有刀口角尺和宽座角尺两种，其结构如图 6-4 所示。直角尺通常用来检测零件的垂直度误差。

（1）用直角尺检测垂直度

垂直度的检测方法如图 6-5 所示。检查前，先将零件棱边倒钝。测量时，首先将直角尺的测量基面紧贴在零件的基准面上，然后轻轻从上向下垂直移动直角尺，直至直角尺的测量刃口与零件表面接触，此时观察其透光情况。若整个接触面间透光弱而均匀，则说明垂直度好；若透光不均匀，则说明垂直度较差。其中若接触点靠近直角尺测量基面一端，则说明两个表面小于 90°；反之，若接触点远离直角尺的测量基面，则说明两个表面大于 90°。

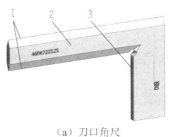

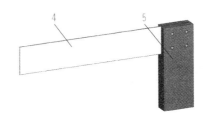

（a）刀口角尺　　　　　　　　　　　　　（b）宽座角尺

图 6-4　直角尺的结构

1—测量刃口；2—尺身；3—测量基面；4—尺瞄；5—尺座

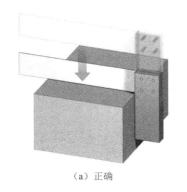

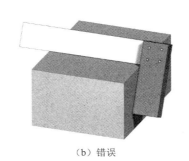

（a）正确　　　　　　　　　　　　　　　（b）错误

图 6-5　用直角尺检测垂直度

用直角尺检查垂直度应注意以下两点：

1）在测量的整个过程中，应使直角尺的测量基面与零件的基准面始终贴合。

2）要上下垂直地拉动直角尺去检查，不得歪斜，如图 6-5（b）所示是错误的。

（2）直角尺的使用注意事项

1）使用前应将直角尺的测量刃口（或测量边）、测量基面和零件的被测表面擦拭干净。在进行测量时，被测零件的测量基准必须与直角尺的测量基面紧密贴合。

2）直角尺应避免剧烈碰撞及敲打任何部位（尤其是测量刃口），以免造成变形，影响其测量精度。

3）直角尺应避免接触腐蚀性及磁性物质，以防止测量刃口的损坏及测量不准确。

4）直角尺使用完毕后，应擦拭干净，将整个外表面涂上防锈油，包上防锈纸，然后放回包装盒内。

二、圆弧样板的使用

检测曲线轮廓度的量具常用的有半径规和曲线样板，半径规的结构如图 6-6 所示，常用规格有 $R1$(6.5mm)、$R7$(14.5mm)、$R15$(25mm)、$R26$(80mm)等。曲线样板无固定形状，一般根据零件被测曲线形状经线切割加工后，精磨而成。

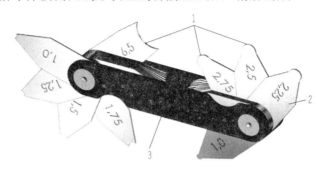

图 6-6　半径规的结构

1—测量曲线；2—测量片；3—夹板

当线轮廓度要求不高时，可以用半径规或曲线样板采用透光法检查，如图 6-7 所示。如果曲线样板与零件接触面间的缝隙均匀、透光微弱，则曲面轮廓尺寸、形状精度合格；若曲线样板与圆弧接触缝隙不匀，仅有几个点接触，说明圆弧轮廓精度太低，呈多棱形的圆弧。面轮廓度是线轮廓度的扩展，其测量的原理方法与线轮廓度相似。

图 6-7　用曲线样板检测轮廓度

▍ 阅读材料

标准光隙和塞尺

一、标准光隙

标准光隙由刀口形直尺、量块和检测平板组合而成。如图 6-8 所示，将刀口形直尺放在两块 1.005mm 的量块上，中间分别放进 1.004mm、1.003mm、1.002mm 的量块，

从而形成 1μm、2μm、3μm 的不同光隙。将被测零件所看到的光隙与标准光隙相比较，判断直线度误差的具体数值。光隙较小时，将呈现不同的颜色，根据颜色可判断光隙大小的数值。一般当光隙大于 2.5μm 时呈白光，光隙为 1.25～1.75μm 时呈红光，光隙为 0.8μm 时呈蓝光，光隙小于 0.5μm 时不透光。

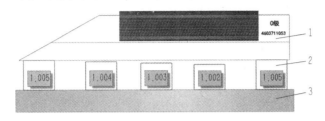

图 6-8　标准光隙

1—刀口形直尺；2—量块；3—检测平板

二、塞尺

塞尺（又称厚薄规）是用来检验两个结合面之间间隙大小的片状量规。塞尺有两个平行的测量平面，其外形如图 6-9 所示，其长度制成 50mm、100mm 或 200mm，由若干片叠合在夹板里。厚度为 0.02～0.1mm 组的，每片相隔 0.01mm；厚度为 0.1～1mm 组的，每片相隔 0.05mm；厚度为 0.02～1mm 组的，每片相隔 0.02mm 等。

图 6-9　塞尺

使用塞尺时，根据间隙的大小，可将一片或数片重叠在一起插入间隙内。例如，用 0.3mm 的塞尺可以插入零件的间隙，而 0.35mm 的塞尺插不进去时，说明零件的间隙为 0.3～0.35mm。由于塞尺的片有的很薄，容易弯曲、变形和折断，因此测量时不能用力太大，还应注意不能测量温度较高的零件。用完塞尺后应擦拭干净并及时收好。

思考与练习

简答题

1. 刀口形直尺可以用来测量哪些几何误差？
2. 简要说明刀口形直尺使用时的注意事项。
3. 常用的直角尺有哪几种？
4. 简述用直角尺测量垂直度的方法。
5. 常用的半径规有几种规格？分别是什么？

第二节 检测圆度、圆柱度、平行度、圆跳动和对称度

一、百分表简介

百分表是指示式量具，它利用机械传动系统，将测量的直线位移转换为指针的角位移，并在表盘上读取被测量值。它具有体积小、结构简单、使用方便和价格便宜等优点，但回程误差较大。

最常见的百分表有两种：触头可移动式百分表和杠杆百分表，如图 6-10 所示。触头可移动式百分表主要用于测量长度尺寸、几何误差，以及检验机床的几何精度等；杠杆百分表主要用来测量零件的几何精度或调整零件的装夹位置，适用于较狭窄空间。

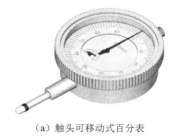

（a）触头可移动式百分表　　　　　　（b）杠杆百分表

图 6-10　百分表

1. 认识百分表

百分表的结构如图 6-11 所示，淬硬的触头旋入齿杆的下端，齿杆的上端有齿，当

齿杆上升时，带动小齿轮 1 转动，小齿轮 1 同轴装有大齿轮 1，再由大齿轮 1 带动中间的小齿轮 2 转动，与小齿轮 2 同轴装有大指针，因此大指针就随着小齿轮 2 一起转动。在小齿轮 2 的另一边装有大齿轮 2，在其轴下端装有游丝，用来消除齿轮间的间隙，以保证其指示精度，该轴的上端装有小指针，用来记录大指针的转数。拉簧的作用是使齿杆能自动回到原位。在表盘上刻有线条，共分为 100 格，大指针转一圈，小指针转一格（1mm），百分表的分度值为 0.01mm。转动百分表表壳的外圈，可以调整表盘刻线对零。

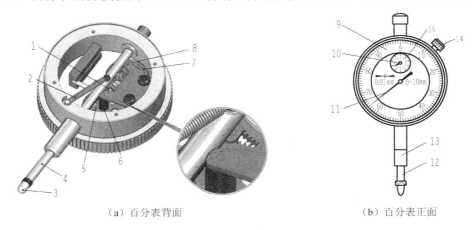

（a）百分表背面　　　　　　　　　　（b）百分表正面

图 6-11　百分表的结构

1—小齿轮 2；2—拉簧；3—触头；4—齿杆（测量杆）；5—大齿轮 1；6—小齿轮 1；7—游丝；8—大齿轮 2；9—大表盘；10—小指针；11—大指针；12—测杆；13—装夹套；14—锁紧螺钉；15—小表盘

2. 百分表的使用方法和维护保养

百分表在使用时应安装在表架上，表架放在平板上或某一平整位置上，如图 6-12 所示。触头与被测表面接触时，测量杆应有一定的预压量，一般为 0.3～1mm，使其保持一定初始测量力，以提高示值的稳定性。同时，应把指针调整到表盘的零位。测量平面时，测量杆要与被测表面垂直；测量圆柱零件时，测量杆的轴线应与零件直径方向一致，并垂直于零件的轴线。百分表不能用来测毛坯。

如图 6-13（a）所示，百分表测量杆的位置符合上述要求，是正确的测量方法；图 6-13（b）中，测量杆严重倾斜，不与零件直径方向一致，属于错误的测量方法；图 6-13（c）中，用百分表测量毛坯件，也属于错误的测量方法。

百分表的维护保养应注意以下几个方面。

1）拉压测量杆的次数不宜过频，距离不要过长，测量杆的行程不要超出其测量范围。

公差配合与技术测量

2）使用百分表测量零件时，不能使触头突然落在零件的表面上。

3）不能用手握测量杆，也不要把百分表同其他工具混放在一起。

4）使用表架时，要放稳安牢。

5）严防水、油液、灰尘等进入表内。

6）百分表使用完毕后，应擦净、擦干放入盒内，使测量杆处于非工作状态，避免表内弹簧失效。

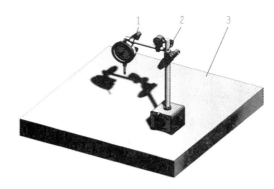

图 6-12　百分表的使用方法

1—百分表；2—表架；3—检测平板

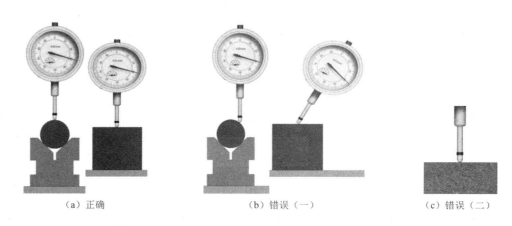

（a）正确　　　　　　　　（b）错误（一）　　　　　（c）错误（二）

图 6-13　测量平面及圆柱形零件时的测量杆位置

特别提示

1）读百分表示值时，眼睛要垂直看向指针，否则会产生读数误差。

2）百分表的分度值和测量范围一般刻在百分表的表盘上。

二、用百分表检测几何误差

1. 圆度的检测

以图 6-14（a）所示的零件为例，介绍圆度的测量方法。测量步骤如下：

1）将被测零件放置在平板上的 V 形块内（V 形块的长度应大于被测零件的长度）。

2）调整百分表，使其测量杆垂直于被测零件的轴线。

3）在被测零件回转一周的过程中，分别记下百分表读数的最大值和最小值，其差值的 1/2 即所测量单个截面的圆度误差，如图 6-14（b）所示。

4）按上述方法测量若干个截面，取其中最大的误差值作为该零件的圆度误差。

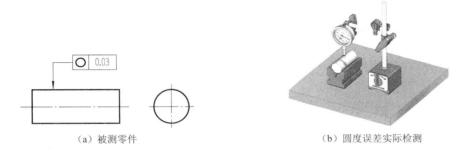

（a）被测零件　　　　　　　　　　　（b）圆度误差实际检测

图 6-14　用百分表检测零件圆度

2. 圆柱度的检测

以图 6-15（a）所示的零件为例，介绍圆柱度的测量方法。测量步骤如下：

1）将被测零件放置在平板上的 V 形块内（V 形块的长度应大于被测零件的长度）。

2）调整百分表，使其测量杆垂直于被测零件的轴线。

3）在被测零件回转一周的过程中，记下百分表读数的最大值和最小值。

4）按照上述方法测量若干个截面，分别记下百分表读数的最大值和最小值。

5）取所有读数中的最大值和最小值，其差值的 1/2 即该零件的圆柱度误差，据此可以判断其合格与否。

说明：圆柱度的测量方法与圆度的测量方法相似，但数据处理的方法不一样。

3. 平行度的检测

如图 6-16 所示，用百分表测量面对面的平行度误差时，将零件放置在平板上，用百分表测量被测平面上各点，百分表的最大读数与最小读数之差即该零件的平行度误差。

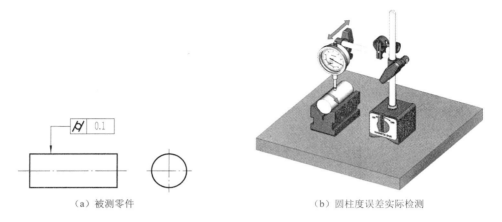

（a）被测零件　　　　　　　　　　（b）圆柱度误差实际检测

图 6-15　用百分表检测零件圆柱度

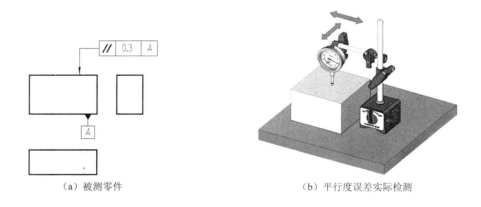

（a）被测零件　　　　　　　　　　（b）平行度误差实际检测

图 6-16　面对面平行度误差的检测

　　检测轴类零件平行度误差时，通常是用平板、心轴或 V 形块来模拟平面、孔或轴作为基准，然后测量被测线、面上各点到基准的距离之差，以最大相对差作为平行度误差。如图 6-17（a）所示的零件，可用图 6-17（b）所示的方法测量，基准轴线由心轴模拟，将被测零件放在等高支承上，调整（转动）该零件使 $L_1=L_2$，然后测量整个被测表面并记录读数。取整个测量过程中最大读数与最小读数之差作为该零件的平行度误差。测量时应选用可胀式（或者与孔成无间隙配合的）心轴。

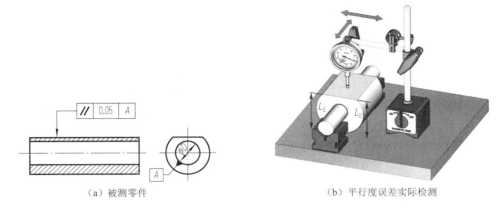

（a）被测零件　　　　　　　　　　　（b）平行度误差实际检测

图 6-17　轴类平行度误差的检测

4. 圆跳动的检测

（1）径向圆跳动误差的检测

如图 6-18 所示为测量某台阶轴 ϕd 的圆柱面对两端中心孔轴线组成的公共轴线的径向圆跳动误差。测量时，零件安装在两同轴顶尖之间，在零件回转一周过程中，百分表读数的最大差值即该测量截面的径向圆跳动误差。按上述方法测量若干正截面，取各截面测得的跳动量的最大值作为该零件的径向圆跳动误差。

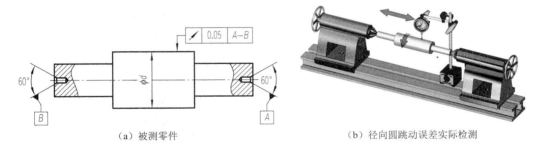

（a）被测零件　　　　　　　　　　　（b）径向圆跳动误差实际检测

图 6-18　径向圆跳动误差的检测

（2）端面圆跳动误差的检测

如图 6-19 所示为测量某零件端面对 ϕd 的外圆轴线的端面圆跳动误差。测量时，将零件支承在导向套筒内，并在轴向固定。在零件回转一周的过程中，百分表读数的最大值即该测量圆柱面上的端面圆跳动误差。将百分表沿被测端面径向移动，按上述方法测量若干位置的端面圆跳动，取其中的最大值作为该零件的端面圆跳动误差。

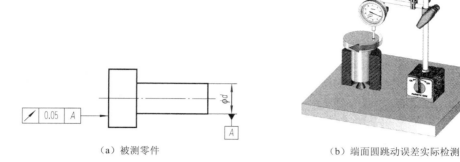

（a）被测零件   （b）端面圆跳动误差实际检测

图 6-19　端面圆跳动误差的检测

（3）斜向圆跳动误差的检测

如图 6-20 所示为测量某零件圆锥面对 ϕd 的外圆轴线的斜向圆跳动误差。测量时，将零件支承在导向套筒内，并在轴向固定。百分表测头的测量方向要垂直于被测圆锥面。在零件回转一周的过程中，百分表读数的最大差值即该测量圆锥面上的斜向圆跳动误差。将百分表沿被测圆锥面素线移动，按上述方法测量若干位置的斜向圆跳动，取其中的最大值作为该圆锥面的斜向圆跳动误差。

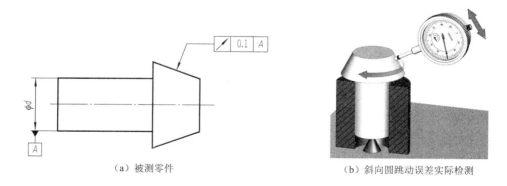

（a）被测零件   （b）斜向圆跳动误差实际检测

图 6-20　斜向圆跳动误差的检测

5. 对称度的检测

如图 6-21 所示为测量某轴上键槽中心平面对 ϕd 轴线的对称度误差。基准轴线由 V 形架模拟，键槽中心平面由定位块模拟。测量时，用百分表调整零件，使定位块沿径向与平板平行并读数，将零件旋转 180° 后重复上述测量，取两次读数的差值作为该测量截面的对称度误差。按上述方法测量若干个轴截面，取其中最大的误差值作为该零件的对称度误差。

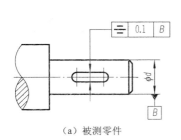

（a）被测零件

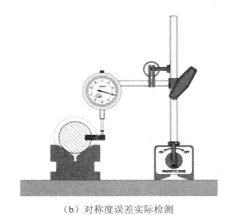

（b）对称度误差实际检测

图 6-21 对称度误差的检测

思考与练习

简答题

1. 简述百分表使用时的注意事项。
2. 测量斜向圆跳动时应该注意什么？

第七章

表面结构要求及检测

知识目标

1. 掌握轮廓算术平均偏差和轮廓最大高度的概念。
2. 掌握表面结构图形符号和表面结构代号的含义。
3. 掌握常见表面结构要求在图样中的标注方法。
4. 掌握表面结构参数的选用原则和方法。

能力目标

1. 能认出图样中表示表面结构要求的符号。
2. 能正确识读图样中的表面结构符号和代号。
3. 能在图样中正确标注表面结构代号。

通过去除材料或成形加工制造的零件表面，必然具有各种不同类型的不规则状态，其叠加在一起形成一个实际存在的复杂的表面轮廓。它主要由尺寸的偏离、实际形状相对于理想形状的偏离，以及表面的微观值和中间值的几何形状误差等综合形成。各实际的表面轮廓都具有其特定的表面特征，称为零件的表面结构。

第一节 认识表面结构要求

机械零件的破坏一般总是从表面层开始的，零件的表面质量是保证机械产品质量的基础，零件的表面质量直接影响零件的耐磨性、耐疲劳性、抗蚀性及零件的配合质量。在零件图中需要标注零件的表面结构，如图 5-1 所示的 $\sqrt{Ra\,1.6}$、$\sqrt{Ra\,3.2}$ 等，类似这样的标注称为表面结构要求。

一、表面结构要求的概念

在金属切削过程中，由于刀具和被加工表面间的摩擦、切削过程中切屑分离时表层金属材料的塑性变形、工艺系统的高频振动等，零件表面会出现许多间距较小的、凹凸不平的微小的峰和谷。如图 7-1 所示的零件，车削部分和未车削部分的表面质量截然不同。这种零件表面上的微观几何形状误差称为表面结构要求。

图 7-1 已加工表面与待加工表面质量对比

表面结构要求包括零件表面的表面结构参数、加工工艺、表面纹理及方向、加工余量、传输带、取样长度等。

二、表面结构要求对零件使用性能的影响

零件经过机械加工后的表面会留有许多高低不平的凸峰和凹谷。表面质量与加工方

法、切削刃形状和切削用量等各种因素都有密切关系。它对于零件摩擦、磨损、配合性质、疲劳强度、接触刚度等都有显著影响。

1. 对摩擦、磨损的影响

当两个表面做相对运动时，一般情况下表面越粗糙，其摩擦因数、摩擦阻力越大，磨损也越快。

2. 对配合性质的影响

对于间隙配合，粗糙度会因峰尖很快磨损而使间隙很快增大；对于过盈配合，粗糙表面的峰顶被挤平，使实际过盈减小，影响连接强度。

3. 对疲劳强度的影响

表面越粗糙，微观不平的凹痕就越深，在交变应力的作用下易产生应力集中，使表面出现疲劳裂纹，从而降低零件的疲劳强度。

4. 对接触刚度的影响

表面越粗糙，表面间的实际接触面积越小，单位面积受力越大，使峰顶处的局部塑性变形增大，接触刚度降低，从而影响机器的工作精度和抗振性能。

三、表面结构要求的评定参数

表面结构要求的评定参数有 R 轮廓（表面粗糙度参数）、W 轮廓（波纹度参数）、P 轮廓（原始轮廓参数）。在生产中常见的是 R 轮廓的两个高度参数 Ra 和 Rz。

1. 算术平均偏差

算术平均偏差 Ra 是指在取样长度内，轮廓上各点至轮廓中线距离的算术平均值（图 7-2），其表达式为

$$Ra = \frac{1}{n}(y_1 + y_2 + \cdots + y_n)$$

例如，$\sqrt{}^{Ra\,1.6}$ 表示轮廓的算术平均偏差为 $1.6\mu m$。在表示表面结构要求时，数值越大，表示表面越粗糙。

2. 轮廓最大高度

轮廓最大高度 Rz 是指在一个取样长度内，最大轮廓峰高与最大轮廓谷深之和（图 7-2）。

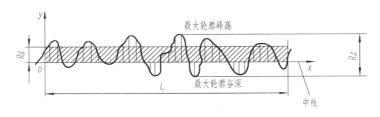

图 7-3　算术平均偏差 Ra 和轮廓最大高度 Rz

阅读材料

表面结构评定的相关术语

1. 取样长度

取样长度 l_r 是指用于判别具有表面粗糙度特征的一段基准线长度。标准规定，取样长度按表面粗糙度选取相应的数值，在取样长度范围内，一般应有不少于 5 个轮廓峰和轮廓谷。

2. 评定长度

评定长度 l_n 是指在评定表面粗糙度时所必需的一段长度，它可以包括一个或几个取样长度。一般情况下，按标准推荐取 $l_n = 5l_r$。若被测表面均匀性好，可选用小于 $5l_r$ 的长度值；反之，均匀性较差的表面应选用大于 $5l_r$ 的评定长度值。

3. 极限值判断规则

完工零件的表面按检验规范测得轮廓参数值后，需与图样上给定的极限值比较，以判断其是否合格。极限值判断规则有两种，即 16% 规则和最大规则。

（1）16% 规则

当所注参数为上限值时，如果在规定评定长度内的所有测量值中，大于图样上规定值的个数不超过测得值总个数的 16%，则该表面合格。当所测参数为下限值时，如果在规定评定长度内的所有测量值中，小于图样上规定值的个数不超过总个数的 16%，则该表面也是合格的，如图 7-3 所示。

（2）最大规则

运用最大规则时，被检的整个表面上测得的所有参数值均不应超过给定的极限值。为了指明参数的最大值，要在参数代号后面注写 "max"，如图 7-4 所示。

在表面结构要求的标注中，当参数代号后无 "max" 字样时，均默认为应用 "16%

规则"。

　　表示双向极限时应标注极限代号，上限值标在上方，参数值前加注 U；下限值标在下方，参数值前加注 L，如图 7-5 所示。如果同一参数具有双向极限要求，在不会引起歧义的情况下，可以不加注 U 和 L。

图 7-3　"16%规则"注法　　　图 7-4　"最大规则"注法　　　图 7-5　双向极限注法

思考与练习

一、判断题

　　1．从间隙配合的稳定性和过盈配合的连接强度考虑，表面粗糙度值越小越好。
　　　　　　　　　　　　　　　　　　　　　　　　　　　　　　　　（　　）
　　2．取样长度过短不能反映表面粗糙度的真实情况，因此取样长度越长越好。
　　　　　　　　　　　　　　　　　　　　　　　　　　　　　　　　（　　）
　　3．在 Ra、Rz 参数中，Ra 能充分反映表面微观几何形状高度方面的参数。
　　　　　　　　　　　　　　　　　　　　　　　　　　　　　　　　（　　）

二、简答题

　　1．什么是表面结构要求？表面结构要求对零件的使用性能有什么影响？
　　2．表面结构要求的轮廓参数包括哪些？
　　3．R 轮廓参数包括哪些内容？
　　4．什么是评定长度？一般情况下评定长度如何取值？

第二节　识读图样中的表面结构要求

一、表面结构图形符号及尺寸

　　表面结构图形符号及尺寸见表 7-1 和表 7-2。

表 7-1　表面结构图形符号

符号名称	符号	含义
基本图形符号	H_2 H_1 60° 60°	基本图形符号由两条不等长的与标注表面成 60° 夹角的直线构成，基本图形符号仅用于简化代号标注，没有补充说明时不能单独使用
扩展图形符号		在基本图形符号短边处加一短横，表示用去除材料方法获得的表面，如通过机械加工获得的表面
		在基本图形符号上加一圆圈，表示指定表面用不去除材料方法获得
完整图形符号		在以上各种符号的长边上加一横线，以便注写对表面结构的各种要求

表 7-2　表面结构图形符号的尺寸

表面结构图形符号	附加标注的尺寸						
数字和字母高度 h	2.5	3.5	5	7	10	14	20
符号线宽度 d' 字母线宽度 d	0.25	0.35	0.5	0.7	1	1.4	2
高度 H_1	3.5	5	7	10	14	20	28
高度 H_2（最小值）	7.5	10.5	15	21	30	42	60

二、表面结构要求的参数注写

为了明确表面结构要求，除了标注表面结构参数和数值外，必要时应标注补充要求，包括传输带、取样长度、加工工艺、表面纹理及方向、加工余量等。表面结构补充要求的注写位置如图 7-6 所示。

位置 a——注写表面结构的单一要求。

位置 a 和 b——注写两个或多个表面结构要求。

位置 c——注写加工方法、表面处理、涂层或其他加工工艺要求等，如车、磨、镀等加工表面。

位置 d——注写表面纹理和方向，如"="" ⊥""M"等。

位置 e——注写加工余量。

加工余量的标注方法：在同一图样中，有多个加工工序的表面可标出加工余量。例如，在表示完工零件形状的铸锻件图样中给出加工余量，一般同表面结构要求一起标注，

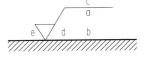

图 7-6　表面结构补充要求的注写位置

如图 7-7 所示（表示所有表面均有 5mm 加工余量）。

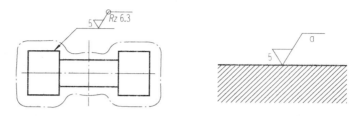

图 7-7 加工余量的标注

■ 阅读材料

表面纹理的标注

零件表面纹理的方向对零件储存润滑油的能力、密封性等有着重要影响。表面纹理通常由加工工艺决定。国家标准规定了常见的加工纹理方向符号，见表 7-3。

表 7-3 加工纹理方向符号

符号	说明	示意图
=	纹理平行于标注代号的视图的投影面	
⊥	纹理垂直于标注代号的视图的投影面	
×	纹理呈两斜向交叉且与视图所在的投影面相交	
M	纹理呈多方向	

续表

符号	说明	示意图
C	纹理呈近似同心圆且圆心与表面中心相关	
R	纹理呈近似放射状且与表面圆心相关	
P	纹理无方向或呈凸起的细粒状	

注：如果表面纹理不能清楚地用这些符号表示，必要时，可以在图样上加注说明。

思考与练习

一、选择题

1. 当零件的表面是用铸造的方法加工时，标注表面结构应采用（　　）符号表示。

  A. ▽   B. ▽   C. ▽

2. 零件的加工余量标注在完整符号的左下方，单位为（　　）。

  A. cm   B. mm   C. μm

3. 表面加工纹理方向符号标注在表面结构符号的（　　）。

  A. 左下角   B. 右下角   C. 表面结构符号的横线上

二、判断题

1. 当要求标注表面结构特征的补充信息时，应在表面结构符号的长边上加一横线。

（　　）

2. 需要控制表面加工纹理方向时，可以在表面结构符号的左下角加注加工纹理方向符号。

（　　）

3. 零件的加工余量可以标注在表面结构符号的左下角。（　　）

第三节　标注表面结构要求

一、表面结构符号、代号的标注位置与方向

　　表面结构符号、代号的标注位置与方向总的原则是根据《机械制图　尺寸注法》（GB/T 4458.4—2003）的规定，使表面结构的注写和读取方向与尺寸的注写和读取方向一致。常见表面结构要求在图样中的标注见表7-4。

表7-4　常见表面结构要求在图样中的标注

标注方法及说明	标注示例
表面结构要求可标注在轮廓线上，其符号应从材料外指向并接触表面。必要时，用带箭头或黑点的指引线引出标注，此时均按水平标注	Rz 12.5 Rz 6.3 Ra 3.2 Rz 3.2 Rz 12.5 Rz 6.3
表面结构代号可以用带箭头或黑点的指引线引出标注	Rz 3.2 Rz 3.2 φ65
表面结构要求可以标注在给定的尺寸线上	φ80H7 Rz 12.5 φ80h6 Rz 6.3
表面结构要求可标注在几何公差框格的上方	Ra 3.2 ⬭ 0.1

续表

标注方法及说明	标注示例
表面结构代号可以标注在圆柱特征的延长线上或轮廓的延长线上。圆柱和棱柱表面的表面结构要求只标注一次。如果每个棱柱表面有不同的表面结构要求，则应分别单独标注	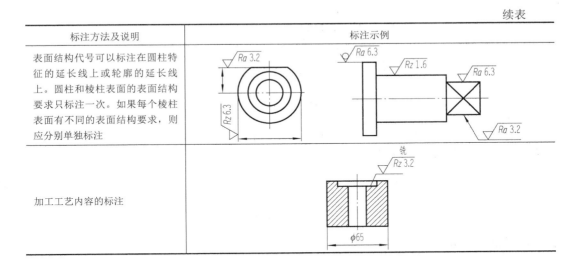
加工工艺内容的标注	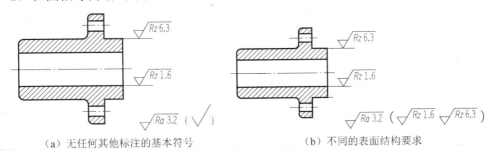

二、表面结构要求的简化注法

1. 有相同表面结构要求的简化注法

如果在零件的多数（包括全部）表面有相同的表面结构要求，则其表面结构要求可统一标注在图样的标题栏附近。此时（除全部表面有相同要求的情况外），表面结构要求的符号后面应包括如下内容。

1）在圆括号内给出无任何其他标注的基本符号，如图 7-8（a）所示。

2）在圆括号内给出不同的表面结构要求，如图 7-8（b）所示。

（a）无任何其他标注的基本符号　　　（b）不同的表面结构要求

图 7-8　相同表面要求的简化标注

2. 多个表面有共同表面结构要求的注法

当多个表面有共同表面结构要求时，可用带字母的完整符号，以等式的形式在图形或标题栏附近，对有相同表面结构要求的表面进行简化标注，如图 7-9 所示。

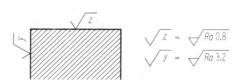

图 7-9　多个表面有共同表面结构要求的注法

　　只用表面结构符号的简化注法如图 7-10 所示，用表面结构符号以等式的形式给出对多个表面共同的表面结构要求。

$$\sqrt{} = \sqrt{Ra\,3.2} \qquad \sqrt{} = \sqrt{Ra\,3.2} \qquad \sqrt{} = \sqrt{Ra\,3.2}$$

图 7-10　多个表面结构要求的简化注法

三、表面结构代号含义

　　注写了表面结构参数或者其他有关要求后的表面结构符号称为表面结构代号。在表面结构代号上标注轮廓算术平均偏差 Ra 和轮廓最大高度 Rz 时，其参数值前应标出相应的参数代号 Ra 或 Rz，表面结构代号的应用示例见表 7-5。

表 7-5　表面结构代号应用示例

代号	含义
$\sqrt{Ra\,25}$	表示表面用非去除材料的方法获得，单向上限值，轮廓算术平均偏差 Ra 为 25μm，评定长度为 5 个取样长度（默认），"16%规则"默认
$\sqrt{Rz\,0.8}$	表示表面用去除材料的方法获得，单向上限值，轮廓的最大高度 Rz 为 0.8μm，评定长度为 5 个取样长度（默认），"16%规则"默认
$\sqrt{Ra\,3.2}$	表示表面用去除材料的方法获得，单向上限值，轮廓算术平均偏差 Ra 为 3.2μm，评定长度为 5 个取样长度（默认），"16%规则"默认
$\sqrt{\begin{array}{l}U\,Ra\,3.2\\L\,Ra\,0.8\end{array}}$	表示表面用去除材料的方法获得，双向极限值，轮廓算术平均偏差 Ra 的上限值为 3.2μm，下限值为 0.8μm，评定长度为 5 个取样长度（默认），"16%规则"默认
$\sqrt{L\,Ra\,3.2}$	表示表面用任意加工方法获得，单向下限值，轮廓算术平均偏差 Ra 为 3.2μm，评定长度为 5 个取样长度（默认），"16%规则"默认

思考与练习

一、填空题

　　表面结构代号由表面结构_____和表面结构_____，以及其他有关规定的项目组成。

二、简答题

1．简要说明当零件的大部分（包括全部）表面有相同的表面结构要求时，在图样上应如何标注？

2．解释下列表面结构代号的含义。

（1）$\sqrt{\begin{array}{l}Ra\,6.3\\Rz\,12.5\end{array}}$；（2）$\sqrt{Ra\,\max\,16}$；（3）$\sqrt{\begin{array}{l}U\,Ra\,6.3\\L\,Rz\,12.5\end{array}}$；（4）$\sqrt{L\,Ra\,\max\,3.2}$

第四节　检测表面结构要求

一、表面粗糙度参数的选用原则

表面粗糙度参数的选择既要满足零件表面功能的要求，又要考虑经济性，一般应遵循以下原则。

1）选择表面粗糙度参数时，应优先选用常用系列值。常用的轮廓算术平均偏差 Ra 和轮廓最大高度 Rz 的数值见表 7-6。

表 7-6　表面结构参数常用系列值

表面粗糙度参数	参数系列				
轮廓算术平均偏差 Ra	0.012	0.2	3.2	50	—
	0.025	0.4	6.3	100	
	0.05	0.8	12.5	100	
	0.1	1.6	25		
轮廓最大高度 Rz	0.025	0.4	6.3	100	1600
	0.05	0.8	12.5	200	
	0.1	1. 6	25	400	
	0.2	3.2	50	800	

2）一般情况下，评定表面粗糙度的参数优先选用轮廓算术平均偏差 Ra，当表面粗糙度要求特别高或特别低时，可选用参数轮廓最大高度 Rz。

3）在满足表面功能要求的情况下，尽量选用较大的表面粗糙度参数值，以降低加工成本。

4）在同一零件上，工作表面一般比非工作表面的粗糙度参数值要小。

5）摩擦表面比非摩擦表面的粗糙度值要小，滚动摩擦表面比滑动摩擦表面的粗糙度值要小，运动速度高、压力大的摩擦表面比运动速度低、压力小的摩擦表面的粗糙度参数值要小。

6）承受循环载荷的表面及易引起应力集中的结构，其粗糙参数值要小。

7）配合精度要求高的结合表面、配合间隙小的配合表面及要求连接可靠且承受重载的过盈配合表面，均应取较小的粗糙度参数值。

8）防腐性、密封性要求越高，粗糙度参数值越小。

二、表面粗糙度参数的检测

检测表面粗糙度参数要求不严的表面时，通常采用比较法；检测精度较高，要求获得准确评定参数时，则需采用专业仪器检测粗糙度参数。

1. 目测法

对于明显不需要用更精确方法检测零件表面的场合，选用目测法检查零件。例如，零件表面粗糙度明显比允许值高，或明显低，或者实际存在明显影响表面功能的表面缺陷。

2. 比较法

如果目测法不能作出判断，可以采用比较法，比较法也称为目测法和触觉法。将零件被测表面对照粗糙度比较样板进行比较，用目测或手摸判断被加工表面粗糙度是否合格。图 7-11 为表面粗糙度比较样板的测量范围。

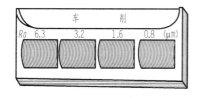

图 7-11　表面粗糙度比较样板的测量范围

表面粗糙度比较样板的材料、加工方法和加工纹理方向最好与被测零件相同，这样有利于比较，从而提高判断的准确性。另外，也可以从生产的零件中选择样品，经精密仪器检定后，作为标准样板使用。用样板比较时，可以用肉眼判断，也可以用手摸感觉，为了提高比较的准确性，还可以借助放大镜和比较显微镜。这种测量方法简便易行，适合在车间现场使用，常用于评定中等或较粗糙的表面。

用比较法评定表面粗糙度虽然不精确，但由于器具简单，使用方便，且能满足一般的生产要求，因此是车间常用的测量方法。目测法的测量范围 Ra 值一般为 3.2～50μm，触觉法的 Ra 值一般为 0.8～6.3μm。

3. 仪器检测法

传统的仪器检测法有光切法、干涉法和感触法。

光切法和干涉法分别是利用光切显微镜、干涉显微镜观测表面实际轮廓的放大光亮带和干涉条纹，再通过测量、计算获得 Rz 值的方法。光切显微镜的结构如图 7-12 所示。

光切显微镜的测量原理如图 7-13 所示。光源发出的光线经聚光镜和光阑形成一束扁平光带，通过物镜以 45° 方向投射在被测表面上。由于被测表面上存在微观不平的峰谷，因此在与入射光呈垂直方向，即与被测表面呈 45° 方向，经另一物镜反射到目镜分划板上，从目镜中可以看到被测表面实际轮廓的影像，测出轮廓影像的高度 N，根据显微镜的放大倍数 K，即可算出被测轮廓的实际高度 h_0。光切显微镜主要用来测量评定 Rz 值，测量范围一般为 $0.5 \sim 60 \mu m$，可测量车、铣、刨或其他类似方法加工的金属零件的平面和外圆表面，但不便于检验用磨削或抛光等方法加工的金属零件的表面。

感触法是利用电动轮廓仪测量被测表面的 Ra 值的方法。测量时使触针以一定速度划过被测表面，传感器将触针随被测表面微小峰谷的上下移动转化成电信号，并经过传输、放大和积分运算处理后，通过显示器或打印方式显示 Ra 值。电动轮廓仪的结构如图 7-14 所示。

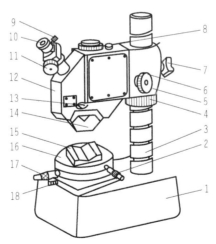

图 7-12 光切显微镜的结构

1—基座；2—工作台纵向移动百分尺；3—立柱；4—升降螺母；5—横臂；6—微调手轮；7—横臂锁紧螺钉；
8—光源；9—目测锁紧螺钉；10—测微目镜；11—目镜百分尺；12—镜头架；13—物镜锁紧手柄；14—可换物镜组；
15—V 形块；16—工作台；17—工作台横向移动百分尺；18—工作台锁紧螺钉

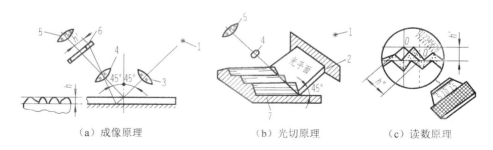

（a）成像原理　　　　　　　（b）光切原理　　　　　　（c）读数原理

图 7-13　光切显微镜的测量原理

1—光源；2—狭缝；3、4—物镜；5—目镜；6—分划板；7—零件；h—轮廓的实际峰合高度；h′—影像的峰谷高度；
h″—读出的峰谷高度

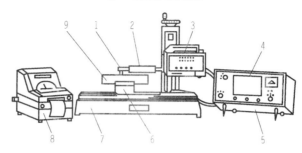

图 7-14　电动轮廓仪的结构

1—触针；2—传感器；3—驱动箱；4—指示表；5—电气箱；6—定位块；7—工作台；8—记录器；9—被测零件

　　随着电子技术的发展，利用光电、传感、微处理器、液晶显示等先进技术制造的各种表面粗糙度测量仪在生产中的应用越来越广泛。各种感触式微控表面粗糙度测量仪在测量表面粗糙度时，一般都可直接显示被测表面实际轮廓的放大图形和多项粗糙度特征参数数值，有的还具有打印功能，可将测得的参数和图形直接打印出来。

思考与练习

一、判断题

　　1．设计时，若尺寸公差和表面形状公差较小，则其相应的表面粗糙度参数值也应较小。　　　　　　　　　　　　　　　　　　　　　　　　　　　　　　　（　　）

　　2．比较法通常用于表面粗糙度参数要求不严的表面，这是因为此方法简便易行，但误差大。　　　　　　　　　　　　　　　　　　　　　　　　　　　　　　（　　）

　　3．采用比较法检测表面粗糙度的高度参数值时，应使样板与被检测表面的加工纹

理方向保持一致。　　　　　　　　　　　　　　　　　　　　　　（　　）

二、简答题

1. 表面结构参数的选用一般采取什么方法？其遵循的原则是什么？
2. 表面粗糙度参数的检测常用哪几种方法？

附 录

附表一　孔的基本偏差数值（摘自 GB/T 1800.1—2009）

基本偏差数值/μm

公称尺寸/mm 大于	至	下极限偏差 EI 所有标准公差等级 A	B	C	CD	D	E	EF	F	FG	G	H	JS	上极限偏差 ES J IT6	J IT7	J IT8	K ≤IT8	K >IT8	M ≤IT8	M >IT8	N ≤IT8	N >IT8
—	3	+270	+140	+60	+34	+20	+14	+10	+6	+4	+2	0	由公式计算	+2	+4	+6	0	0	-2	-2	-4	-4
3	6	+270	+140	+70	+46	+30	+20	+14	+10	+6	+4	0		+5	+6	+10	-1+Δ		-4+Δ	-4	-8+Δ	0
6	10	+280	+150	+80	+56	+40	+25	+18	+13	+8	+5	0		+5	+8	+12	-1+Δ		-6+Δ	-6	-10+Δ	0
10	14	+290	+150	+95		+50	+32		+16		+6	0		+6	+10	+15	-1+Δ		-7+Δ	-7	-12+Δ	0
14	18	+290	+150	+95		+50	+32		+16		+6	0		+6	+10	+15	-1+Δ		-7+Δ	-7	-12+Δ	0
18	24	+300	+160	+110		+65	+40		+20		+7	0		+8	+12	+20	-2+Δ		-8+Δ	-8	-15+Δ	0
24	30	+300	+160	+110		+65	+40		+20		+7	0		+8	+12	+20	-2+Δ		-8+Δ	-8	-15+Δ	0
30	40	+310	+170	+120		+80	+50		+25		+9	0		+10	+14	+24	-2+Δ		-9+Δ	-9	-17+Δ	0
40	50	+320	+180	+130		+80	+50		+25		+9	0		+10	+14	+24	-2+Δ		-9+Δ	-9	-17+Δ	0
50	65	+340	+190	+140		+100	+60		+30		+10	0		+13	+18	+28	-2+Δ		-11+Δ	-11	-20+Δ	0
65	80	+360	+200	+150		+100	+60		+30		+10	0		+13	+18	+28	-2+Δ		-11+Δ	-11	-20+Δ	0
80	100	+380	+220	+170		+120	+72		+36		+12	0		+16	+22	+34	-3+Δ		-13+Δ	-13	-23+Δ	0
100	120	+410	+240	+180		+120	+72		+36		+12	0		+16	+22	+34	-3+Δ		-13+Δ	-13	-23+Δ	0
120	140	+460	+260	+200		+145	+85		+43		+14	0		+18	+26	+41	-3+Δ		-15+Δ	-15	-27+Δ	0
140	160	+520	+280	+210		+145	+85		+43		+14	0		+18	+26	+41	-3+Δ		-15+Δ	-15	-27+Δ	0
160	180	+580	+310	+230		+145	+85		+43		+14	0		+18	+26	+41	-3+Δ		-15+Δ	-15	-27+Δ	0
180	200	+660	+340	+240		+170	+100		+50		+15	0		+22	+30	+47	-4+Δ		-17+Δ	-17	-31+Δ	0
200	225	+740	+380	+260		+170	+100		+50		+15	0		+22	+30	+47	-4+Δ		-17+Δ	-17	-31+Δ	0

续表

基本偏差数值/μm

公称尺寸/mm 大于	至	A	B	C	CD	D	E	EF	F	FG	G	H	JS	J IT6	J IT7	J IT8	K ≤IT8	K >IT8	M ≤IT8	M >IT8	N ≤IT8	N >IT8
		A	B	C	CD	D	E	EF	F	FG	G	H	(下极限偏差EI 所有标准公差级)				(上极限偏差ES)					
225	250	+820	+420	+280		+190	+110		+56		+17	0	由公式计算	+25	+36	+55	-4+Δ	0	-20+Δ	-20	-34+Δ	0
250	280	+920	+480	+300																		
280	315	+1050	+540	+330																		
315	355	+1200	+600	+360		+210	+125		+62		+18	0		+29	+39	+60	-4+Δ	0	-21+Δ	-21	-37+Δ	0
355	400	+1350	+680	+400																		
400	450	+1500	+760	+440		+230	+135		+68		+20	0		+33	+43	+66	-5+Δ	0	-23+Δ	-23	-40+Δ	0
450	500	+1650	+840	+480																		
500	560					+260	+145		+76		+22	0					0		-26		-44	
560	630																					
630	710					+290	+160		+80		+24	0					0		-30		-50	
710	800																					
800	900					+320	+170		+86		+26	0					0		-34		-56	
900	1000																					
1000	1120					+350	+195		+98		+28	0					0		-40		-66	
1120	1250																					
1250	1400					+390	+220		+110		+30	0					0		-48		-78	
1400	1600																					
1600	1800					+430	+240		+120		+32	0					0		-58		-92	
1800	2000																					
2000	2240					+480	+260		+130		+34	0					0		-68		-110	
2240	2500																					
2500	2800					+520	+290		+145		+38	0					0		-76		-135	
2800	3150																					

公差配合与技术测量

续表

基本偏差数值 上极限偏差ES（标准公差等级大于IT7）；Δ值（标准公差等级）

公称尺寸/mm 大于	至	P	R	S	T	U	V	X	Y	Z	ZA	ZB	ZC	IT3	IT4	IT5	IT6	IT7	IT8
—	3	-6	-10	-14		-18		-20		-26	-32	-40	-60	0	0	0	0	0	0
3	6	-12	-15	-19		-23		-28		-35	-42	-50	-80	1	1.5	1	3	4	6
6	10	-15	-19	-23		-28		-34		-42	-52	-67	-97	1	1.5	2	3	6	7
10	14	-18	-23	-28		-33		-40		-50	-64	-90	-130	1	2	3	3	7	9
14	18						-39	-45		-60	-77	-108	-150						
18	24	-22	-28	-35		-41	-47	-54	-63	-73	-98	-136	-188	1.5	2	3	4	8	12
24	30				-41	-48	-55	-64	-75	-88	-118	-160	-218						
30	40	-26	-34	-43	-48	-60	-68	-80	-94	-112	-148	-200	-274	1.5	3	4	5	9	14
40	50				-54	-70	-81	-97	-114	-136	-180	-242	-325						
50	65	-32	-41	-53	-66	-87	-102	-122	-144	-172	-226	-300	-405	2	3	5	6	11	16
65	80		-43	-59	-75	-102	-120	-146	-174	-210	-274	-360	-480						
80	100	-37	-51	-71	-91	-124	-146	-178	-214	-258	-335	-445	-585	2	4	5	7	13	19
100	120		-54	-79	-104	-144	-172	-210	-254	-310	-400	-525	-690						
120	140	-43	-63	-92	-122	-170	-202	-248	-300	-365	-470	-620	-800	3	4	6	7	15	23
140	160		-65	-100	-134	-190	-228	-280	-340	-415	-535	-700	-900						
160	180		-68	-108	-146	-210	-252	-310	-380	-465	-600	-780	-1000						
180	200	-50	-77	-122	-166	-236	-284	-350	-425	-520	-670	-880	-1150	3	4	6	9	17	26
200	225		-80	-130	-180	-258	-310	-385	-470	-575	-740	-960	-1250						
225	250		-84	-140	-196	-284	-340	-425	-520	-640	-820	-1050	-1350						
250	280	-56	-94	-158	-218	-315	-385	-475	-580	-710	-920	-1200	-1550	4	5	7	9	20	29
280	315		-98	-170	-240	-350	-425	-525	-650	-790	-1000	-1300	-1700						
315	355	-62	-108	-190	-268	-390	-475	-590	-730	-900	-1150	-1500	-1900	4	5	7	11	21	32
355	400		-114	-208	-294	-435	-530	-660	-820	-1000	-1130	-1650	-2100						

续表

公称尺寸 /mm		基本偏差数值												Δ值					
		上极限偏差 ES												标准公差等级					
		标准公差等级大于 IT7																	
大于	至	P	R	S	T	U	V	X	Y	Z	ZA	ZB	ZC	IT3	IT4	IT5	IT6	IT7	IT8
400	450	-68	-126	-232	-330	-490	-595	-740	-920	-1100	-1450	-1850	-2400	5	5	7	13	23	34
450	500	-68	-132	-252	-360	-540	-660	-820	-1000	-1250	-1600	-2100	-2600						
500	560	-78	-150	-280	-400	-600													
560	630	-78	-155	-310	-450	-660													
630	710	88	-175	-340	-500	-740													
710	800	88	-185	-380	-560	-840													
800	900	-100	-210	-430	-620	-940													
900	1000	-100	-220	-470	-680	-1050													
1000	1120	-120	-250	-520	-780	-1150													
1120	1250	-120	-260	-580	-840	-1300													
1250	1400	-140	-300	-640	-960	-1450													
1400	1600	-140	-330	-720	-1050	-1600													
1600	1800	-170	-370	-820	-1200	-1850													
1800	2000	-170	-400	-920	-1350	-2000													
2000	2240	-195	-440	-1000	-1500	-2300													
2240	2500	-195	-460	-1100	-1650	-2500													
2500	2800	-240	-550	-1250	-1900	-2900													
2800	3150	-240	-580	-1400	-2100	-3200													

注: 1. 公称尺寸小于或等于 1mm 时，基本偏差 A 和 B 及大于 IT8 的 N 均不采用。公差带 JS7 至 JS11，若 IT_n 值数是奇数，则取偏差 $=\pm\frac{IT_n-1}{2}$。

2. 对小于或等于 IT8 的 K、M、N 和小于或等于 IT7 的 P 至 ZC，所需 Δ 值从表内右侧选取。例如，18mm～30mm 段的 K7：Δ=8μm，所以 ES=-2+8=+6（μm）；18mm～30mm 段的 S6，Δ=4μm，所以 ES=-35+4=-31μm。特殊情况：250mm～315mm 段的 M6，ES=-9μm（代替-11μm）。

附表二　轴的基本偏差数值（摘自 GB/T 1800.1—2009）

公称尺寸/mm		基本偏差数值/μm														
		上极限偏差 es（所有公差等级）												下极限偏差 ei（j）		
大于	至	a	b	c	cd	d	e	ef	f	fg	g	h	js	IT5和IT6	IT7	IT8
—	3	−270	−140	−60	−34	−20	−14	−10	−6	−4	−2	0		−2	−4	−6
3	6	−270	−140	−70	−46	−30	−20	−14	−10	−6	−4	0		−2	−4	
6	10	−280	−150	−80	−56	−40	−25	−18	−13	−8	−5	0		−2	−5	
10	14	−290	−150	−95		−50	−32		−16		−6	0		−3	−6	
14	18	−290	−150	−95		−50	−32		−16		−6	0		−3	−6	
18	24	−300	−160	−110		−65	−40		−20		−7	0	偏差 = ±IT_n/2，式中，IT_n 是 IT 值数	−4	−8	
24	30	−300	−160	−110		−65	−40		−20		−7	0		−4	−8	
30	40	−310	−170	−120		−80	−50		−25		−9	0		−5	−10	
40	50	−320	−180	−130		−80	−50		−25		−9	0		−5	−10	
50	65	−340	−190	−140		−100	−60		−30		−10	0		−7	−12	
65	80	−360	−200	−150		−100	−60		−30		−10	0		−7	−12	
80	100	−380	−220	−170		−120	−72		−36		−12	0		−9	−15	
100	120	−410	−240	−180		−120	−72		−36		−12	0		−9	−15	
120	140	−460	−260	−200		−145	−85		−43		−14	0		−11	−18	
140	160	−520	−280	−210		−145	−85		−43		−14	0		−11	−18	
160	180	−580	−310	−230		−145	−85		−43		−14	0		−11	−18	
180	200	−660	−340	−240		−170	−100		−50		−15	0		−13	−21	
200	225	−740	−380	−260		−170	−100		−50		−15	0		−13	−21	
225	250	−820	−420	−280		−170	−100		−50		−15	0		−13	−21	
250	280	−920	−480	−300		−190	−110		−56		−17	0		−16	−26	
280	315	−1050	−540	−330		−190	−110		−56		−17	0		−16	−26	

续表

基本偏差数值/μm

公称尺寸/mm		上极限偏差 es 所有公差等级												下极限偏差 ei		
大于	至	a	b	c	cd	d	e	ef	f	fg	g	h	js	IT5和IT6	IT7	IT8
														j	j	j
315	355	-1200	-600	-360		-210	-125		-62		-18	0		-18	-28	
355	400	-1350	-680	-400									偏差 $=\pm\dfrac{IT_n}{2}$, 式中, IT_n 是IT值数			
400	450	-1500	-760	-440		-230	-135		-68		-20	0		-20	-32	
450	500	-1650	-840	-480												
500	560					-260	-145		-76		-22	0				
560	630															
630	710					-290	-160		-80		-24	0				
710	800															
800	900					-320	-170		-86		-26	0				
900	1000															
1000	1120					-350	-195		-98		-28	0				
1120	1250															
1250	1400					-390	-220		-110		-30	0				
1400	1600															
1600	1800					-430	-240		-120		-32	0				
1800	2000															
2000	2240					-480	-260		-130		-34	0				
2240	2500															
2500	2800					-520	-260		-145		-38	0				
2800	3150															

公差配合与技术测量

续表

公称尺寸/mm		基本偏差数值/μm 下极限偏差 ei															
		k		所有标准公差等级												
大于	至	IT4~IT7	≤IT3>IT7	m	n	p	r	s	t	u	v	x	y	z	za	zb	zc
—	3	0	0	+2	+4	+6	+10	+14		+18		+20		+26	+32	+40	+60
3	6	+1	0	+4	+8	+12	+15	+19		+23		+28		+35	+42	+50	+80
6	10	+1	0	+6	+10	+15	+19	+23		+28		+34		+42	+52	+67	+97
10	14	+1	0	+7	+12	+18	+23	+28		+33		+40		+50	+64	+90	+130
14	18	+1	0	+7	+12	+18	+23	+28		+33	+39	+45		+60	+77	+108	+150
18	24	+2	0	+8	+15	+22	+28	+35		+41	+47	+54	+63	+73	+98	+136	+188
24	30	+2	0	+8	+15	+22	+28	+35	+41	+48	+55	+64	+75	+88	+118	+160	+218
30	40	+2	0	+9	+17	+26	+34	+43	+48	+60	+68	+80	+94	+112	+148	+200	+274
40	50	+2	0	+9	+17	+26	+34	+43	+54	+70	+81	+97	+114	+136	+180	+242	+325
50	65	+2	0	+11	+20	+32	+41	+53	+66	+87	+102	+122	+144	+172	+226	+300	+405
65	80	+2	0	+11	+20	+32	+43	+59	+75	+102	+120	+146	+174	+210	+274	+360	+480
80	100	+3	0	+13	+23	+37	+51	+71	+91	+124	+146	+178	+214	+258	+335	+445	+585
100	120	+3	0	+13	+23	+37	+54	+79	+104	+144	+172	+210	+254	+310	+400	+525	+690
120	140	+3	0	+15	+27	+43	+63	+92	+122	+170	+202	+248	+300	+365	+470	+620	+800
140	160	+3	0	+15	+27	+43	+65	+100	+134	+190	+228	+280	+340	+415	+535	+700	+900
160	180	+3	0	+15	+27	+43	+68	+108	+146	+210	+252	+310	+380	+465	+600	+780	+1000
180	200	+4	0	+17	+31	+50	+77	+122	+166	+236	+284	+350	+425	+520	+670	+880	+1150
200	225	+4	0	+17	+31	+50	+80	+130	+180	+258	+310	+385	+470	+575	+740	+960	+1250
225	250	+4	0	+17	+31	+50	+84	+140	+196	+284	+340	+425	+520	+640	+820	+1050	+1350
250	280	+4	0	+20	+34	+56	+94	+158	+218	+315	+385	+475	+580	+710	+920	+1200	+1550
280	315	+4	0	+20	+34	+56	+98	+170	+240	+350	+425	+525	+650	+790	+1000	+1300	+1700
315	355	+4	0	+21	+37	+62	+108	+190	+268	+390	+475	+590	+730	+900	+1150	+1500	+1900

158

续表

基本偏差数值/μm — 下极限偏差 ei — 所有标准公差等级

公称尺寸/mm 大于	至	k (IT4~IT7)	k (≤IT3 >IT7)	m	n	p	r	s	t	u	v	x	y	z	za	zb	zc
355	400	+4	0	+21	+37	+62	+114	+208	+294	+435	+530	+660	+820	+1000	+1300	+1650	+2100
400	450	+5	0	+23	+40	+68	+126	+232	+330	+490	+595	+740	+920	+1100	+1450	+1850	+2400
450	500						+132	+252	+360	+540	+660	+820	+1000	+1250	+1600	+2100	+2600
500	560	0	0	+26	+44	+78	+150	+280	+400	+600							
560	630						+155	+310	+450	+660							
630	710	0	0	+30	+50	+88	+175	+340	+500	+740							
710	800						+185	+380	+560	+840							
800	900	0	0	+34	+56	+100	+210	+430	+620	+940							
900	1000						+220	+470	+680	+1050							
1000	1120	0	0	+40	+66	+120	+250	+520	+780	+1150							
1120	1250						+260	+580	+840	+1300							
1250	1400	0	0	+48	+78	+140	+300	+640	+960	+1450							
1400	1600						+330	+720	+1050	+1600							
1600	1800	0	0	+58	+92	+170	+370	+820	+1200	+1850							
1800	2000						+400	+920	+1350	+2000							
2000	2240	0	0	+68	+110	+195	+440	+1000	+1500	+2300							
2240	2500						+460	+1100	+1650	+2500							
2500	2800	0	0	+76	+135	+240	+550	+1250	+1900	+2900							
2800	3150						+580	+1400	+2100	+3200							

注: 1. 公称尺寸小于或等于1mm时, 基本偏差 a 和 b 均不采用。

2. 公差带 js7~js11, 若 IT_n 值数是奇数, 则取偏差 $=\pm\dfrac{IT_{n-1}}{2}$。

附表三　孔优先公差带的极限偏差表

单位：μm

公称尺寸/mm	C11	D9	F8	G7	H7	H8	H9	H11	K7	N7	P7	S7	U7
≤3	+120/+60	+45/+20	+20/+6	+12/+2	+10/0	+14/0	+25/0	+60/0	0/-10	-4/-14	-6/-16	-14/-24	-18/-28
>3~6	+145/+70	+60/+30	+28/+10	+16/+4	+12/0	+18/0	+30/0	+75/0	+3/-9	-4/-16	-8/-20	-15/-27	-19/-31
>6~10	+170/+80	+76/+40	+35/+13	+20/+5	+15/0	+22/0	+36/0	+90/0	+5/-10	-4/-19	-9/-24	-17/-32	-22/-37
>10~18	+205/+95	+93/+50	+43/+16	+24/+6	+18/0	+27/0	+43/0	+110/0	+6/-12	-5/-23	-11/-29	-21/-39	-26/-44
>18~24	+240/+110	+117/+65	+53/+20	+28/+7	+21/0	+33/0	+52/0	+130/0	+6/-15	-7/-28	-14/-35	-27/-48	-33/-54
>24~30	+240/+110	+117/+65	+53/+20	+28/+7	+21/0	+33/0	+52/0	+130/0	+6/-15	-7/-28	-14/-35	-27/-48	-40/-61
>30~40	+280/+120	+142/+80	+64/+25	+34/+9	+25/0	+39/0	+62/0	+160/0	+7/-18	-8/-33	-17/-42	-34/-59	-51/-76
>40~50	+290/+130	+142/+80	+64/+25	+34/+9	+25/0	+39/0	+62/0	+160/0	+7/-18	-8/-33	-17/-42	-34/-59	-61/-86
>50~65	+330/+140	+174/+100	+76/+30	+40/+10	+30/0	+46/0	+74/0	+190/0	+9/-21	-9/-39	-21/-51	-42/-72	-76/-106
>65~80	+340/+150	+174/+100	+76/+30	+40/+10	+30/0	+46/0	+74/0	+190/0	+9/-21	-9/-39	-21/-51	-48/-78	-91/-121
>80~100	+390/+170	+207/+120	+90/+36	+47/+12	+35/0	+54/0	+87/0	+220/0	+10/-25	-10/-45	-24/-59	-58/-93	-111/-146
>100~120	+400/+180	+207/+120	+90/+36	+47/+12	+35/0	+54/0	+87/0	+220/0	+10/-25	-10/-45	-24/-59	-66/-101	-131/-166
>120~140	+450/+200	+245/+145	+106/+43	+54/+14	+40/0	+63/0	+100/0	+250/0	+12/-28	-12/-52	-28/-68	-77/-117	-155/-195

续表

公称尺寸/mm	C 11	D 9	F 8	G 7	H 7	H 8	H 9	H 11	K 7	N 7	P 7	S 7	U 7
>140~160	+460 / +210	+245 / +145	+106 / +43	+54 / +14	+40 / 0	+63 / 0	+100 / 0	+250 / 0	+12 / -28	-12 / -52	-28 / -68	-85 / -125	-175 / -215
>160~180	+480 / +230											-93 / -133	-195 / -235
>180~200	+530 / +240	+285 / +170	+122 / +50	+61 / +15	+46 / 0	+72 / 0	+115 / 0	+290 / 0	+13 / -33	-14 / -60	-33 / -79	-105 / -151	-219 / -265
>200~225	+550 / +260											-113 / -159	-241 / -287
>225~250	+570 / +280											-123 / -169	-267 / -313
>250~280	+620 / +300	+320 / +190	+137 / +56	+69 / +17	+52 / 0	+81 / 0	+130 / 0	+320 / 0	+16 / -36	-14 / -66	-36 / -88	-138 / -190	-295 / -347
>280~315	+650 / +330											-150 / -202	-330 / -382
>315~355	+720 / +360	+350 / +210	+151 / +62	+75 / +18	+57 / 0	+89 / 0	+140 / 0	+360 / 0	+17 / -40	-16 / -73	-41 / -98	-169 / -226	-369 / -426
>355~400	+760 / +400											-187 / -244	-414 / -471
>400~450	+840 / +440	+385 / +230	+165 / +68	+83 / +20	+63 / 0	+97 / 0	+155 / 0	+400 / 0	+18 / -45	-17 / -80	-45 / -108	-209 / -272	-467 / -530
>450~500	+880 / +480											-229 / -292	-517 / -580

附表四　轴优先公差带的极限偏差表

单位：μm

代号 公称尺寸/mm	c	d	f	g	h				k	n	p	s	u
等级	11	9	7	6	6	7	9	11	6	6	6	6	6
≤3	-60 / -120	-20 / -45	-6 / -16	-2 / -8	0 / -6	0 / -10	0 / -25	0 / -60	+6 / 0	+10 / +4	+12 / +6	+20 / +14	+24 / +18
>3~6	-70 / -145	-30 / -60	-10 / -22	-4 / -12	0 / -8	0 / -12	0 / -30	0 / -75	+9 / +1	+16 / +8	+20 / +12	+27 / +19	+31 / +23
>6~10	-80 / -170	-40 / -76	-13 / -28	-5 / -14	0 / -9	0 / -15	0 / -36	0 / -90	+10 / +1	+19 / +10	+24 / +15	+32 / +23	+37 / +28
>10~18	-95 / -205	-50 / -93	-16 / -34	-6 / -17	0 / -11	0 / -18	0 / -43	0 / -110	+12 / +1	+23 / +12	+29 / +18	+39 / +28	+44 / +33
>18~24	-110 / -240	-65 / -117	-20 / -41	-7 / -20	0 / -13	0 / -21	0 / -52	0 / -130	+15 / +2	+28 / +15	+35 / +22	+48 / +35	+54 / +41
>24~30	-110 / -240	-65 / -117	-20 / -41	-7 / -20	0 / -13	0 / -21	0 / -52	0 / -130	+15 / +2	+28 / +15	+35 / +22	+48 / +35	+61 / +48
>30~40	-120 / -280	-80 / -142	-25 / -50	-9 / -25	0 / -16	0 / -25	0 / -62	0 / -160	+18 / +2	+33 / +17	+42 / +26	+59 / +43	+76 / +60
>40~50	-130 / -290	-80 / -142	-25 / -50	-9 / -25	0 / -16	0 / -25	0 / -62	0 / -160	+18 / +2	+33 / +17	+42 / +26	+59 / +43	+86 / +70
>50~65	-140 / -330	-100 / -174	-30 / -60	-10 / -29	0 / -19	0 / -30	0 / -74	0 / -190	+21 / +2	+39 / +20	+51 / +32	+72 / +53	+106 / +87
>65~80	-150 / -340	-100 / -174	-30 / -60	-10 / -29	0 / -19	0 / -30	0 / -74	0 / -190	+21 / +2	+39 / +20	+51 / +32	+78 / +59	+121 / +102
>80~100	-170 / -390	-120 / -207	-36 / -71	-12 / -34	0 / -22	0 / -35	0 / -87	0 / -220	+25 / +3	+45 / +23	+59 / +37	+93 / +71	+146 / +124
>100~120	-180 / -400	-120 / -207	-36 / -71	-12 / -34	0 / -22	0 / -35	0 / -87	0 / -220	+25 / +3	+45 / +23	+59 / +37	+101 / +79	+166 / +144

附　录

续表

代号 公称尺寸/mm	c 11	d 9	f 7	g 6	h 6	h 7	h 9	h 11	k 6	n 6	p 6	s 6	u 6
>120~140	-200/-450	-145/-245	-43/-83	-14/-39	0/-25	0/-40	0/-100	0/-250	+28/+3	+52/+27	+68/+43	+117/+92	+195/+170
>140~160	-210/-460	-145/-245	-43/-83	-14/-39	0/-25	0/-40	0/-100	0/-250	+28/+3	+52/+27	+68/+43	+125/+100	+215/+190
>160~180	-230/-480	-145/-245	-43/-83	-14/-39	0/-25	0/-40	0/-100	0/-250	+28/+3	+52/+27	+68/+43	+133/+108	+235/+210
>180~200	-240/-530	-170/-285	-50/-96	-15/-44	0/-29	0/-46	0/-115	0/-290	+33/+4	+60/+31	+79/+50	+151/+122	+265/+236
>200~225	-260/-550	-170/-285	-50/-96	-15/-44	0/-29	0/-46	0/-115	0/-290	+33/+4	+60/+31	+79/+50	+159/+130	+287/+258
>225~250	-280/-570	-170/-285	-50/-96	-15/-44	0/-29	0/-46	0/-115	0/-290	+33/+4	+60/+31	+79/+50	+169/+140	+313/+284
>250~280	-300/-620	-190/-320	-56/-108	-17/-49	0/-32	0/-52	0/-130	0/-320	+36/+4	+66/+34	+88/+56	+190/+158	+347/+315
>280~315	-330/-650	-190/-320	-56/-108	-17/-49	0/-32	0/-52	0/-130	0/-320	+36/+4	+66/+34	+88/+56	+202/+170	+382/+350
>315~355	-360/-720	-210/-350	-62/-119	-18/-54	0/-36	0/-57	0/-140	0/-360	+40/+4	+73/+37	+98/+62	+226/+190	+426/+390
>355~400	-400/-760	-210/-350	-62/-119	-18/-54	0/-36	0/-57	0/-140	0/-360	+40/+4	+73/+37	+98/+62	+244/+208	+471/+435
>400~450	-440/-840	-230/-385	-68/-131	-20/-60	0/-40	0/-63	0/-155	0/-400	+45/+5	+80/+40	+108/+68	+272/+232	+530/+490
>450~500	-480/-880	-230/-385	-68/-131	-20/-60	0/-40	0/-63	0/-155	0/-400	+45/+5	+80/+40	+108/+68	+292/+252	+580/+540

参 考 文 献

宋文革, 2011. 极限配合与技术测量基础 [M]. 北京: 中国劳动保障出版社.

王希波, 2011. 极限配合与技术测量 [M]. 4 版. 北京: 中国劳动保障出版社.

文超珍, 2008. 公差配合与测量 [M]. 北京: 机械工业出版社.

吴艳红, 2010. 极限配合与技术测量 [M]. 北京: 中国铁道出版社.

曾秀云, 2007. 公差配合与技术测量 [M]. 北京: 机械工业出版社.

朱小平, 2012. 公差配合与测量技术 [M]. 北京: 科学出版社.

庄佃霞, 2011. 公差配合与技术测量 [M]. 北京: 北京大学出版社.